世界五千年
科技故事丛书

卢嘉锡题

世界五千年科技故事丛书

两刃利剑

原子能研究的故事

丛书主编　管成学　赵骥民

编著　管成学

吉林出版集团｜吉林科学技术出版社

图书在版编目（CIP）数据

两刃利剑：原子能研究的故事 / 管成学，赵骥民主编. -- 长春：吉林科学技术出版社，2012.10（2022.1 重印）
ISBN 978-7-5384-6158-9

Ⅰ.① 两… Ⅱ.① 管… ② 赵… Ⅲ.① 核能－普及读物
Ⅳ.① TL-49

中国版本图书馆CIP数据核字（2012）第156323号

两刃利剑：原子能研究的故事

主　　编	管成学　赵骥民	
出 版 人	宛　霞	
选题策划	张瑛琳	
责任编辑	张胜利	
封面设计	新华智品	
制　　版	长春美印图文设计有限公司	
开　　本	640mm×960mm　1 / 16	
字　　数	100千字	
印　　张	7.5	
版　　次	2012年10月第1版	
印　　次	2022年1月第4次印刷	

出　　版　吉林出版集团
　　　　　吉林科学技术出版社
发　　行　吉林科学技术出版社
地　　址　长春市净月区福祉大路 5788 号
邮　　编　130118
发行部电话 / 传真　0431-81629529　81629530　81629531
　　　　　　　　　　81629532　81629533　81629534
储运部电话　0431-86059116
编辑部电话　0431-81629518
网　　址　www.jlstp.net
印　　刷　北京一鑫印务有限责任公司

书　　号　ISBN 978-7-5384-6158-9
定　　价　33.00元

序　言

十一届全国人大副委员长、中国科学院前院长、两院院士

放眼21世纪，科学技术将以无法想象的速度迅猛发展，知识经济将全面崛起，国际竞争与合作将出现前所未有的激烈和广泛局面。在严峻的挑战面前，中华民族靠什么屹立于世界民族之林？靠人才，靠德、智、体、能、美全面发展的一代新人。今天的中小学生届时将要肩负起民族强盛的历史使命。为此，我们的知识界、出版界都应责无旁贷地多为他们提供丰富的精神养料。现在，一套大型的向广大青少年传播世界科学技术史知识的科普读物《世

界五千年科技故事<u>丛书</u>》出版面世了。

　　由中国科学院自然科学研究所、清华大学科技史暨古文献研究所、中国中医研究院医史文献研究所和温州师范学院、吉林省科普作家协会的同志们共同撰写的这套<u>丛</u>书，以世界五千年科学技术史为经，以各时代杰出的科技精英的科技创新活动作纬，勾画了世界科技发展的生动图景。作者着力于科学性与可读性相结合，思想性与趣味性相结合，历史性与时代性相结合，通过故事来讲述科学发现的真实历史条件和科学工作的艰苦性。本书中介绍了科学家们独立思考、敢于怀疑、勇于创新、百折不挠、求真务实的科学精神和他们在工作生活中宝贵的协作、友爱、宽容的人文精神。使青少年读者从科学家的故事中感受科学大师们的智慧、科学的思维方法和实验方法，受到有益的思想启迪。从有关人类重大科技活动的故事中，引起对人类社会发展重大问题的密切关注，全面地理解科学，树立正确的科学观，在知识经济时代理智地对待科学、对待社会、对待人生。阅读这套<u>丛书</u>是对课本的很好补充，是进行素质教育的理想读物。

　　读史使人明智。在历史的长河中，中华民族曾经创造了灿烂的科技文明，明代以前我国的科技一直处于世界领先地位，涌现出张衡、张仲景、祖冲之、僧一行、沈括、郭守敬、李时珍、徐光启、宋应星这样一批具有世界影响的科学家，而在近现代，中国具有世界级影响的科学家并不多，与我们这个有着13亿人口的泱泱大国并不相称，与世界先进科技水平相比较，在总体上我国的科技水平还存在着较大差距。当今世界各国都把科学技术视为推动社会发展的巨大动力，把培养科技创新人才当做提高创新能力的战略方针。我国也不失时机地确立了科技兴国战略，确立了全面实施素质教育，提高全民素质，培养适应21世纪需要的创新人才的战略决策。党的十六大又提出要形成全民学习、终身学习的学习型社会，形成比较完善的科技和文化创新体系。要全面建设小康社会，加快推进社会主义现代化建设，我们需要一代具有创新精神的人才，需要更多更伟大的科学家和工程技术人才。我真诚地希望这套丛书能激发青少年爱祖国、爱科学的热情，树立起献身科技事业的信念，努力拼搏，勇攀高峰，争当新世纪的优秀科技创新人才。

目　　录

引　言

　　一提起原子弹，人们就会想到日本的广岛和长崎，想到原子弹给日本人民带来的深重灾难。

　　1993年8月，我有机会去日本参加科学史研讨会。特地去广岛的和平公园哀悼那些无辜的亡灵，寻觅原子弹制造的人间惨案。最使我难以忘怀的是公园大门前的雕塑：年轻的母亲俯身而逃，胸前搂抱着襁褓中的婴儿，身后还背着刚刚会走的孩子，惊慌恐惧、不知所措的神情，从这位年轻母亲的眼睛里流露出来……

　　每逢这天，雕塑像下摆满了哀悼死难者的花圈。人们以此表达他们的心愿：但愿人们记住这惨痛的教训，化干戈为玉帛，用好原子能这把两刃的利剑，让它更好地造福人类，让它的光和热永远照亮和温暖全世界每一个幸福的家庭。

爱因斯坦给罗斯福总统的信

　　1939年8月2日，因受不住德国法西斯的迫害，逃亡美国的匈牙利科学家尤金·威格纳和利奥·西拉德，向在美国普林斯顿研究院任职的爱因斯坦求助，请求爱因斯坦在给美国总统富兰克林·罗斯福的信上签名。这封信是为了说服罗斯福总统实施研制原子弹的计划，以便打败希特勒。

　　爱因斯坦早已向世界宣布，他是一个和平主义者，不参与战争的任何事情。但是，他一想到为原子研究而献出了无数时间和精力以至生命的前辈和同行们，他的思想开始了激烈的斗争。

　　爱因斯坦最先想到了普朗克，是他于1900年12月14日提出了普朗克量子公式，推开了通向原子时代的大门。他也因此获得了1918年的诺贝尔物理学奖。

第二位浮现在爱因斯坦跟前的是卢瑟福。卢瑟福是在牛顿以后英国成就最突出的科学家，近代原子物理学的真正奠基人。他发现了镭的两种辐射成分——α射线和β射线，证实了原子核的存在。如果说普朗克把科学引入了原子时代的门槛，那卢瑟福就是打开原子秘密的第一人。因此，他也获得了1908年的诺贝尔化学奖。

爱因斯坦想到的第三位科学家是玻尔。玻尔是丹麦人，卢瑟福的学生。1913年，在卢瑟福的指导下，玻尔的论文《论原子和分子结构》分3期在《哲学杂志》上发表了。在这篇论文里，玻尔创造性地把卢瑟福、普朗克和爱因斯坦的思想融合为一。他在卢瑟福假设模型的基础上，把爱因斯坦的光量子说引入了原子结构，提出了自己的原子模型，即电子沿固定的量子化轨道绕原子核旋转，成功地解释了原子线状光谱实验。这篇论文被称为"伟大的三部曲"，这个原子模型被叫做"卢瑟福—玻尔模型"。由于这项革命性的科学成就，年仅27岁的玻尔成为原子物理学的创立者和量子物理学家的真正领袖。

爱因斯坦又想到约里奥·居里夫妇，1934年他们用钋

的 α 粒子轰击铝靶，得到了自然中不存在的人工放射性同位素。它是第一次利用外部影响引起某些原子核的放射性——人工放射性。这是人类改造微观世界的一个突破，为同位素和原子能的利用开辟了广阔前景，并使为打开物质巨大能量宝库而呕心苦思、日夜操劳的科学家们看到新的曙光。

爱因斯坦想到的第五位科学家是费米。在人工放射性发现后，费米用中子系统地轰击各种元素，从氟开始，其后的元素都有核反应且生成的放射性元素大多具有 β 放射性。费米与西拉德又证实了每次铀核裂变可放出2—3个新中子，表明链式反应是可能的。

爱因斯坦想到的最后一位科学家是梅特纳，她在1939年2月的英国《自然》杂志上发表了关于原子裂变的论文。她指出每裂变一个原子可以放出大约2亿电子伏的能量。裂变反应的发现震惊了科学界，因为它说明铀分裂的时候，可以放出两个中子，而这两个中子又可能引起两个铀核分裂，这样就能够从一个铀核裂变引起2、4、8、16……个铀核裂变。这就是链式反应，它将释放出无比巨大的能量。

这说明毁灭整座城市和港口的原子弹爆炸完全可能。

爱因斯坦经过一番思想斗争，还是答应了威格纳和西拉德的请求，在给罗斯福总统的信上签了字。

就是这封信促使罗斯福下定决心，命令美国的军队与科学家成立研制原子弹的领导机构。这封信的全文如下：

美国白宫

罗斯福总统先生：

我从原稿纸上，了解到费米与西拉德所进行的一些工作情况。他们的工作使我感到，铀这种元素在最近的将来可能会成为一个新的重要的能源。对于已经出现的某些情况，政府应给予重视，并应在必要时，采取迅速的行动。因此，我认为我有责任提请你注意以下的事实和建议：

在过去的4个月中，法国的约里奥和美国的费米、西拉德进行的工作，已经使下面的事实成为可能：在大块的铀中，可能爆发核链式反应，这一反应将产生无穷的力量和大量像镭那样的新元素。现在几乎可以肯定，这在最近的将来是能够实现的。

这一新的现象也会导致炸弹的制造，因而一种威力极大的新型炸弹可能会制造出来——尽管还没有很大把握。一枚这种类型的炸弹，如用船载送去轰炸一个港口，那么，它将把港口全部炸毁，并将能毁坏附近的一些地区。

然而，这种炸弹可能太重，因此，不能空运。

美国只拥有一些质量较次的铀矿。加拿大和捷克斯洛伐克有一些铀矿是很好的。最重要的铀矿资源在比属刚果。

鉴于这种情况，你可能会感到政府最好能同那些研究链式反应的美国物理学家保持经常性的联系。做到这一点的一个办法是：你把这个任务交给你所信任的、同时能以半官方身份出面工作的一个人。他的任务可以包括以下几个方面：

1. 同政府部门接触，使这些部门了解工作进展情况，提出关于政府采取行动的建议，对于美国铀矿石的可靠供应这个问题给予特别的注意。

2. 使目前受到大学实验室经费限制的实验工作能加快进行。应同愿为此事业捐款的个人进行联系，在必要的情况下，为实验工作提供资金。有些工厂有实验工作所需要的设备，应争取它们的合作。

据我了解，德国已经接管了捷克斯洛伐克的铀矿，它实际上已经停止了那里铀的出口。德国这么早地采取了行动，是可以理解的，因为德国副外长的儿子卡尔·冯·魏茨塞克就是柏林威廉皇家研究院里的人，他们也正在进行目前美国人对铀的某些研究工作。

你忠诚的阿尔伯特·爱因斯坦

1939年8月2日于长岛

爱因斯坦与西拉德的估计一点也没错，德国人确实早有行动了。1939年4月24日，德国汉堡大学教授哈特克博士写信给德国陆军，建议研究和制造原子弹。

他的信说："我们冒昧地请你们注意在核物理方面的最新发展，我们认为这些发展将使人们可能制造出一种威力比现在的炸弹大许多倍的炸弹……首先利用这种炸弹的国家，就具有一种超过其他国家的无比优越性。"

4月30日，德国法西斯在柏林召开秘密的原子专家会议，会上讨论了原子弹的前景，决定征用全部库存铀，并禁止新占领的捷克斯洛伐克出口铀矿石。其后不久，德军器械部主任舒曼再次召开原子弹专家会议，研讨原子弹的制造，特别是铀核链式反应问题。

这3条消息传到美国，使在美国从事原子物理研究的专家们，急如热锅上的蚂蚁。

首先是费米受各位科学家的委托，去见海军军械部长，他碰了一个软钉子。海军军械部长对原子物理了解甚少，认为费米说的原子弹，纯属天方夜谭，短期内是制造不出来的。还没有听完费米的仔细阐述，就下了逐客令。

所以，威格纳和西拉德才不得不跑来找爱因斯坦。

爱因斯坦是签字了，但是，怎样才能把这封信尽快地送到罗斯福总统的手里呢？

西拉德告诉爱因斯坦：他已通过一个朋友介绍，拜见了罗斯福总统的经济顾问、经济学家亚历山大·萨克斯，萨克斯答应转送这封信，并愿意尽量设法说服总统。

由于希特勒已发动了欧洲的战争，罗斯福总统特别繁忙，常常是废寝忘食，夜以继日地工作。就连顾问要见他，也拖了10个星期。

1939年10月12日早晨，罗斯福总统与萨克斯共进早餐。

两人在餐桌旁坐下后，罗斯福总统客气地说："先生喝咖啡还是牛奶？"萨克斯欠身答道："我习惯用咖啡。"

罗斯福一边向面包上抹果酱，一边笑着问萨克斯："顾问先生急于见我，有何指教啊？"

萨克斯从衣兜里取出那封信，诙谐地说："我给总统带来了一份珍贵的礼物。"随即呈上了爱因斯坦签名的信。

　　总统一看是封很长的信，就对顾问说："请您告诉我，这封信为什么是一份珍贵的礼物呢？"

　　顾问没有正面回答总统，却反问罗斯福说："目前最使总统忧心苦思的事是什么呢？"

　　"当然是希特勒发动的战争。"罗斯福不假思索地回答。

　　"这封信正是帮助您打败希特勒的，它还不珍贵吗？"

　　"我尊敬的顾问先生，请您不要故弄玄虚了，告诉我，爱因斯坦有什么魔法吗？一群研究物理、化学的科学家凭什么打败德国法西斯，拿烧杯和试管上战场吗？"

　　"爱因斯坦和费米等一批科学家，利用铀裂变的链式反应，能制造出原子弹，这种炸弹能把我们住的这座城市夷为平地。"

　　罗斯福立即放下手中的刀叉，急切地问：

　　"要多久才能造出来？"

　　萨克斯被问住了，停了一会回答说："我也不明白，他的信上说：最近的将来是能够实现的。"

　　罗斯福像泄了气的皮球，两手一摊说："顾问先生，战士在流血，敌人在进攻，我们不能把赌注压在研究的武器上啊！"

萨克斯见总统吃完了早餐，不想立即对原子弹一信做决定，就说："我可以陪总统去草坪上走走吗？"

罗斯福不便拒绝，就与萨克斯走出了白宫的南门，到绒毯般的草坪上散步了。罗斯福望着正前方高耸入云的华盛顿纪念塔无限感慨地说："华盛顿打赢了1775年的独立战争，他才成为了美国历史上最伟大的总统。"

萨克斯抓住机会说："美国人民最怀念的总统是林肯！"他指着华盛顿纪念塔北方的林肯纪念堂说："您看，这样早，人们已排队开始瞻仰他的塑像和了解他的事迹了。为了解放美国人民和黑奴，他献出了宝贵的生命！"

罗斯福同意了顾问的看法："是的，这两位总统很难分出哪一位更伟大。"

萨克斯还是想把话题引到原子弹上来："总统也面临着一个战火出英雄的时代，而且这次解放的不是美国人民和黑奴，而是欧洲大陆和世界人民。您应该，而且能够兼有华盛顿与林肯的伟大业绩！"

罗斯福面有难色地说："我的顾问，请不要宽慰我了，您是知道德国法西斯是一群何等穷凶极恶的暴徒的！"

萨克斯立即趁热打铁说："所以，我才劝总统深谋远虑，未雨绸缪。"

萨克斯灵机一动，接着说："我想给总统讲一个真实的故事。19世纪，横扫欧洲大陆的拿破仑将军，拒绝了一位美国工程师富尔顿的建议。富尔顿建议他试制以蒸汽机为动力的轮船，建立一支强大的海军，以便与称霸海上的英军对抗。拿破仑看不起这位年轻的工程师。但是，富尔顿继续他的试验，他与英国人联合，使用英国制造的蒸汽机为动力，在我国的哈得逊河上造成了第一艘劈波斩浪的铁甲轮船。英国的海军和反法联军最后打败了骄横一世、目空一切的拿破仑，把他流放到了圣赫勒拿岛。"

萨克斯的话终于打动了罗斯福，总统抓住顾问的手，有些激动地说："亲爱的萨克斯，您的苦心我明白了，请放心！20世纪的美国总统罗斯福，绝不做19世纪法国的拿破仑！"

萨克斯也变得激动起来，他用力地握了握总统的手说："我代表科学家与世界人民感谢您！"

当天晚上，罗斯福批转了爱因斯坦的信，下令成立美国的铀委会，美国研制原子弹的工作正式开始了。

"曼哈顿工程"的最高负责人——格罗夫斯

1939年10月中旬成立的铀委会，是一个顾问委员会，它架起了总统与科学家之间的桥梁，为原子弹的研制做铺路的工作。

1942年6月22日，德军进攻苏联。美国在亚洲的许多经济利益被日本侵占，美国和日本的冲突已不可避免。

6月22日上午9时，丘吉尔发表声明，支持苏联对德国作战。23日美国代理国务卿桑奈尔·威尔斯代表罗斯福总统发表声明，支持苏联对德作战。而德、意、日的联盟也早已形成，一场世界大战之火已开始燃烧，美国的直接参战已迫在眉睫。

正是这种战争形势的急转直下，使美国政府加快了原子弹研制的脚步。1941年12月6日，在国防研究委员会负责人范尼伐·布希的主持下，对科学发展局的铀委会（代号 S－1组）进行了改组，由布希任委员会主任，他同时任罗斯福总统的顾问。这个小组讨论工作计划，有时还请国防部长和副总统参加。

布希要求调动一切力量，全面推进原子弹的研制工作。1942年夏天，布希经过种种努力，邀请了英国、加拿大代表参加，制订了一个原子弹研制的工作计划，当时叫"代用材料发展实验室计划"，也就是后来的"曼哈顿工程"。

原子弹研制是与军队互相配合的，通过陆军部长和后勤部参谋长斯太厄把机敏多智的莱斯利·格罗夫斯上校调入委员会的领导小组，并由格罗夫斯主持全面工作，做原子弹研究的实际负责人。

1942年9月17日，在华盛顿国防部五角大楼的后勤部部长布雷杭·索默佛耳办公室，部长与斯太厄向格罗夫斯下达新的任命，并征询他的意见。

敲门进来的格罗夫斯是一个身材高大、体魄魁伟的军人，他敬礼后，等待首长的训令。后勤部参谋长请他坐下，索默佛耳也笑着说："经国防部研究决定，把您调入科学研究发展局筹委会领导小组工作，布希任组长，实际工作由你来领导，他为你和总统、政府间做疏通工作。"

格罗夫斯再次起立，敬礼说："服从命令！"

后勤部参谋长斯太厄补充说："你的军衔由上校，晋升为准将。"

部长把写着"代用材料发展实验计划"的绝密文件交给格罗夫斯说："回去仔细研读，提出你的意见。"

格罗夫斯接过文件立即说："将军阁下，恕我直言。这是一份绝密文件，而它的名称叫'代用材料发展实验计划'不利于保密。我建议改换一个名称。"

部长高兴地说："好，好！我就赏识你的才思敏捷，直言不讳。"

斯太厄参谋长也表示赞同："那么你说叫什么名称好呢？"

格罗夫斯略加思索说："我们纽约的曼哈顿正在盖大楼，就叫'曼哈顿工程'吧，谁也不会怀疑。"

两位领导人连声叫好，文件的名称就改成了"曼哈顿工程"。

格罗夫斯要起身告辞了，参谋长又问他："你还有什么要求吗？"

格罗夫斯又一次直率地说："请参谋长在我到任之前，授予我新的准将军衔。一位将军和一位上校在科学家们的眼中是很不同的，我的威信和工作成效是相辅相成的。"

两位领导人再一次为他的坦诚叫好，答应了他的请求。格罗夫斯出去后，参谋长用力地握了握部长的手，笑着说："我真佩服你，慧眼识人啊！"

9月23日，格罗夫斯的准将军衔正式下达，他正式对"曼哈顿工程"负责。当天下午，在陆军部长史汀生的办公室，召开了原子弹最高决策人会议。参加者有史汀生部长、总统科学顾问布希博士、康南特博士、陆军后勤部长索默佛耳将军、参谋长斯太厄将军、海军伯内耳少将、陆军部长的原子弹助理哈维邦迪。

会议第一项议程是由格罗夫斯汇报"曼哈顿工程和工区的大致方案"。

格罗夫斯简明地讲述原子弹研究和制造的基本想法和请求优先权的结果，着重指出了利用已有设备和铀矿石供应的重要性。格罗夫斯讲述的关于原子弹现状的报告，依据的是1942年6月17日，布希博士送给罗斯福总统的报告，增加了他介入工作以来的调查情况。

会议的第二项议程是讨论成立一个新的"军事政策委员会"，由科学研究发展局、陆军和海军的领导人组成，专门领导原子弹的研制工作。

史汀生部长认为小组应由9人或7人组成，而格罗夫斯等却希望是一个3人委员会，因为人多反倒容易产生拖延的现象。经过充分讨论成立了一个4人领导小组，由总统科学顾问布希任主席、詹姆斯·康南特博士任候补主席、海军少将伯内耳与格罗夫斯任委员。过去由罗斯福总统、华莱士副总统、史汀生部长、马歇尔总参谋长、布希博士、康南特博士组成的6人小组随之取消了。

会后第二天，格罗夫斯在田纳西州选定了实验场地，在距诺克斯维尔17千米处的克林顿镇征购了54 000亩（1亩≈666.7平方米）土地。它被命名为"克林顿工厂"，就是后来被称为"橡树岭"的原子弹实验工厂。

克林顿工厂开始兴建后，格罗夫斯与助手尼科耳斯开始了铀矿石的寻找工作。没有铀矿石就提炼不出镭来，怎么研究和制造原子弹呢！

尼科耳斯告诉格罗夫斯，不久以前，他曾收到美国国务院经济和国际事务特别助理托马斯·芬勒特的电话，请求非洲金属公司火速从纽约将一批铀矿石运往加拿大提炼。他们两人立即想到这可能就是比属刚果联合矿业公司的宝贵铀矿石。格罗夫斯立即派尼科耳斯去见联合矿业公司的总经理埃德加·森吉尔，他正住在美国的纽约。

森吉尔会见尼科耳斯时态度有些冷淡，因为此前他曾三次向美国国务院官员谈及铀矿的珍贵，并说明它一旦落入敌人之手，将造成祸患。这一点是赫赫有名的英国科学家亨利·太扎德告诫他的。但是，国务院的官员无动于衷。

森吉尔毫不客气地问尼科耳斯："上校先生，请您首先告诉我，您是来了解情况呢还是来做生意？"

擅长于外交谈判的尼科耳斯立即幽默地说："战火纷飞年代的军人是没有时间说闲话的，我是来买您的铀矿石的。"

森吉尔直截了当地说："我有用2 000个铁桶装的1 250多吨的铀矿石保存在斯塔腾岛的货栈内，它是应该像黄金一样存于银行的铁库的。"

尼科耳斯高兴地握住了森吉尔的手说："好啊！总经理先生，我们可以草签一个协议吗？"

1小时以后，尼科耳斯拿到了一张黄色便笺写的协议书。他以公平的价格收购了森吉尔全部的铀矿石，并继续收购在刚果联合矿业公司所产的全部富含铀的矿石。

森吉尔的铀矿石源源地运到"曼哈顿工程"工厂，他为格罗夫斯解除了无米之忧。

格罗夫斯在解决了原料之后，立即开始考察钚。

1942年10月5日，格罗夫斯与阿瑟·康普顿到芝加哥大学考察冶金实验室，这个实验室由恩里科·费米领导，正在进行原子的链式反应实验。

格罗夫斯在费米的陪同下，上午参观实验室，费米向他介绍了实验室的简陋设备、钚的生产过程及如何进行链式反应实验等。下午，格罗夫斯、康普顿与科学家们座谈，除了费米，还有诺贝尔奖金获得者詹姆斯·弗兰克和找爱因斯坦在信上签名的威格纳与西拉德等15位科学家。

格罗夫斯请科学家们谈关于钚生产过程的知识，将来原子弹的设计及爆炸力量，一颗炸弹所用原料数量，生产^{239}钚和^{235}铀所需的设备等等。

这次座谈给了格罗夫斯许多原子弹的知识，增强了他完成任务的信心。他决定与杜邦公司签订协议，建设生产^{239}钚的工厂。在罗斯福总统签署了对杜邦公司承建工程遭受损失由国家负责的文件后，生产^{239}钚的"曼哈顿工程"也开始了。

格罗夫斯要完成的另一件重要的事情，是选择谁做原子弹研究与设计的总工程师。他与康普顿商量后，又征询各方面的意见，最后确定了罗伯特·奥本海默为最佳人选。

格罗夫斯在寻访与调查中，认为奥本海默的长处是他已经在领导并进行原子弹的研究，他在加利福尼亚大学的实验室，进行的正是原子弹的理论研究，他掌握了当时这方面所能知道的一切知识。

奥本海默的缺点有两个，第一，作为整个工程的总设计师与总工程师，他没有任何行政管理经验；第二，虽然他在原子物理学方面取得了很大成就，但还不是诺贝尔奖的获得者。而军队管辖的其他三个实验室领导人都是诺贝尔奖获得者：他们是哥伦比亚的尤里，获1934年诺贝尔化学奖；芝加哥的康普顿，获1927年诺贝尔物理学奖；伯克利的劳伦斯，他是回旋加速器的首创者，又是1940年诺贝尔物理学奖的得主。所以，格罗夫斯希望原子弹的总工程师也应是诺贝尔奖的得主。

1942年10月8日，格罗夫斯与奥本海默在加利福尼亚大学第一次会面。他详细地询问了奥本海默对原子弹研究的成果与方法，他感到奥本海默的研究还是停留在理论阶段，对原子弹的实际设计还没有进行过，为此他依然难下决心。

两周以后，格罗夫斯请奥本海默到华盛顿他的办公室再次讨论原子弹问题。重点讨论了原子弹设计与制造的重大技术问题，奥本海默讲得深入浅出、鞭辟入里，使格罗夫斯心悦诚服，不再犹豫。

1943年7月20日，格罗夫斯不顾各方面的反对意见，下达了对奥本海默的委任状。除了来自军界、科学界的反对意见外，还有来自情报和保安部门的反对意见，他们认为奥本海默的社会关系有可疑之处。他的弟弟是共产党员，他本人也通过共产党向慈善机构捐过款。但是，十万火急的研究工作，不能再等待、再选择了。

后来的事实证明，对奥本海默的选任是十分正确的，与他一起工作的所有的人都认为他是一个出色的领导者和总工程师。

格罗夫斯要完成的最重要的任务就是将大量的铀矿石变为原子弹的直接原料^{239}钚和^{235}铀。

第一座工厂在田纳西州的橡树岭，它是依据劳伦斯的电磁分离器原理设计的，采用电磁方法分离同位素。目的是生产原子弹的原料^{235}铀。这座工厂耗费5亿美元，电磁铁的线圈找不到足够的铜，请财政部动用银行库存的白银。项目负责人尼科耳斯告诉财政部长要用6 000吨之多！财政部长吓了一跳，他说："我们出库的白银可是以金衡盎司来计量的啊！"

工作人员一走进工厂，鞋上的铁钉就被吸引，脚会自动向前移动，妇女们的发夹会不翼而飞，变得披头散发。

第二座工厂是在橡树岭的气体扩散分离工厂，目的也是生产^{235}铀。这两座都是容纳万人以上的大工厂。

第三座工厂在距橡树岭2 000千米之外的汉福德的荒原上拔地而起，它是以费米的原子链式反应堆为原型的工厂。目的是生产原子弹的另一种原料^{239}钚。它用了45 000人的劳动大军花费一年时间才建成。

格罗夫斯并不是原子物理学家，也不是原子弹的研究者和设计者。但是，他却以自己的聪明才智和卓越的组织领导能力，成为了美国原子弹的助产士。如果像人们习惯称呼的那样，奥本海默和费米是原子弹之父和原子弹之母的话，那格罗夫斯也同样功不可没，在美国原子弹诞生的历史上理应占有一席之地。

原子反应堆的设计者
——费米

　　恩里科·费米是著名的意大利物理学家，是物理学罗马学派的创始人之一。他的妻子劳拉·费米是犹太人，是希特勒和墨索里尼的法西斯种族迫害，使他们离开心爱的罗马，侨居美国，于是费米开始了原子弹研制生涯。

　　1938年的政治风云，使德国和意大利两大独裁者勾结在一起，墨索里尼跟在希特勒的屁股后面，发动了一场毫无理由的反犹太主义运动。

　　在意大利并没有犹太人和雅利安人，而犹太人只占当地全部人口的1/1 000，随着杂婚率的上升，必将被彻底同化。

劳拉·费米走在大街上，竟有人问她："他们喊着要赶走犹太人，可谁是犹太人呢？"

由于西西里根本就没有犹太人，一个边远村庄的村长给墨索里尼发电报："请送犹太人来，以便发起运动。"

但是，报纸、广播吵得人心神不宁。7月14日《种族宣言》公布了，它指出"犹太人不属于意大利种族"。接着成立了保卫种族研究所，出版了《保卫种族》杂志。

新法律不断公布：禁止雅利安人与犹太人通婚，犹太人的孩子不许入公立学校，犹太籍的教师被辞退，犹太人的律师、医生只能为犹太人服务，犹太人被剥夺了公民权，他们的护照被吊销……

费米的妻子是犹太人，孩子有犹太血统。尽管他们热爱自己的祖国，留恋生活惯了的罗马，并曾多次谢绝美国大学的邀请。但是，现在他们不得不逃往美国了。

费米和妻子从不同地点向美国大学发了4封信，说明过去他拒绝去美国就职的原因已经不存在了，希望去美国教书。

费米很快收到了5封邀请信，他决定先到美国的哥伦比亚大学教书。于是，他向意大利官员声称，他要去纽约进行6个月的学术访问。

正在他们准备出发时，传来了一大喜讯，即10月哥本哈根的物理学会议上，费米得到通知已被提名为诺贝尔奖的候选人。他们推迟了出发日期，等待最后的结果。

11月10日早晨，电话局通知请费米教授在家等候，晚上6点有斯德哥尔摩的电话。这意味着获得诺贝尔奖即将成为现实。

18时，瑞典科学院秘书用电话向费米宣读了奖状：物理学奖金授予罗马大学恩里科·费米教授，以表彰他发现了由中子轰击所产生的新的放射性元素，以及他在这一研究中发现了由慢中子引起的核反应。

诺贝尔奖金，这天赐的美钞与良机，使他们改变了行程与日期，费米夫妇决定经斯德哥尔摩去美国。

1939年1月2日，费米带领妻子与两个孩子终于踏上了美国领土，逃离了法西斯的魔爪。

费米到哥伦比亚大学就职后，继续进行他的原子链式反应实验。他在物理系系主任乔治·佩格勒姆的支持下，与安德森、西拉德等开始了新的实验。哥伦比亚大学的回旋加速器等先进设备，使费米如虎添翼，很快取得了新进展。

1939年3月16日，佩格勒姆为费米写了一封给海军作战部长胡珀上将的信，他请海军上将胡珀与费米谈一谈，了解费米对原子爆炸物的研究。

信是这样开头的：

海军上将胡珀

亲爱的先生：

哥伦比亚大学物理实验室所做的实验表明，化学元素铀得以释放出它大量过剩的原子能的条件可能会被发现，这将意味着有可能采用铀来作为一种爆炸物，每磅将释放出比以往所知的任何炸药多100万倍的能量……

佩格勒姆的信和费米的晋见，并没引起军方的重视。科学家第一次取得军队和政府支持的尝试失败了。

从1941年12月底开始，费米往来于芝加哥和纽约之间。他在纽约的哥伦比亚大学继续进行链式反应和原子反应堆的研究、实验，又到芝加哥大学进行"冶金实验室"的工作。

"冶金实验室"是康普顿博士领导的芝加哥大学的原子弹研究实验组织的代称。

费米将工作重点转移到芝加哥后，他与康普顿选择了芝加哥大学的足球场，他们要在西看台底下的网球场里建造原子反应堆，进行费米设计研究的链式反应实验。

原子反应堆的直接建造者是费米的助手安德森。为了真空的需要，他到古德意橡胶公司，定制了一个正方形气球，反应堆就安装在这个气球里，需要时可以把里面的空气抽掉。

费米登上了一个升降机平台，指挥安装。他挥手让人们把绳索拉紧，把气球的5个面吊好，正面放下来是敞开的大门。

反应堆的底层是木块支撑物。它们已事先按规格制好，由工人川流不息地运来，放好。

安德森领导物理学家们堆放石墨砖，一块块地按设计图堆起来，几乎到达天棚板了。科学家们的手、脸、衣服都变成了油黑色，但谁也不嫌它脏，他们意识到这是一件光荣的工作。

由费米和安德森进行精心的测量，放入那宝贵的铀，插入那一根根关键性的镉棒。经过6个星期的工作，反应堆最后建好了。

12月2日上午，正式进行原子反应堆的链式反应实验。

反应堆顶上有3个青年人，他们自称"敢死队"。他们的任务是手持镉液桶，一旦反应堆出现不良反应，他们立即将镉液倒入反应堆，制止反应与爆炸。在数百万人聚集的芝加哥做这种危险实验，"敢死队"的预防是十分必要的。

反应堆下站着青年物理学家乔治·韦尔，他手按镉棒，将按费米的指令，从反应堆里抽出镉棒，他抽出的速度与距离，决定了反应堆里铀原子反应的状况。

全体参加反应堆工作的人员都集中到网球北端的阳台上，观看这科学史上的伟大实验。

全场鸦雀无声，只有费米一个人在讲话："反应堆还没有运转，因为它里边有吸收中子的镉棒，下面请韦尔抽出其他镉棒，只留他手边的一根。

大家看这支描笔，它能描画出辐射强度的曲线，当反应堆进行链式反应时，描笔将画出连续升高的线，如果停止了链式反应，描笔的线就趋向平缓。

实验马上开始了，大家各就各位。请韦尔每次抽出两厘米镉棒，我看描笔的变化。"

计数器"咔嗒咔嗒"地响起来，描笔开始向上描画，接着趋向平缓。

费米又命令韦尔："将镉棒抽到4米处。"

计数器响声更大了，描笔上升到费米预计的高度，又趋向平缓了。

下午3时20分，费米命令韦尔将镉棒抽到可以出现链式反应的位置。

大家看到计数器逐步上升，声音更响；描笔开始上升，不再趋向平缓，它说明链式反应开始了。这种反应持续了28分钟，费米和全体物理学家高兴地互相拥抱着，原子反应堆的链式反应宣告成功了。

请求爱因斯坦在给罗斯福总统的信上签名的物理学家威格纳拿出一瓶基安提酒。他与费米将酒倒入杯里，分给在场的每一个人，大家都喝了庆祝酒。

为了记住这个伟大的实验，每个人都在酒瓶的硬纸护壳上签了名字。这是那天传下来的唯一记录，因为保密，不能有任何的声张。

实验成功后，康普顿博士立即给正在哈佛大学执行公务的总统科学顾问、4人领导小组候补主席、科学研究与发展总署署长詹姆斯·康南特博士打了保密电话："那位意大利航海家，已经到达新大陆了。"

"那么他发现当地的居民怎么样？"

"非常的友好。"

费米与他的同伴们的原子堆链式反应实验成功了。12

月2日作为一个重大的日子载入了科学史册。

当芝加哥大学10年后举行大庆时，收存酒瓶和签名护卡的艾尔·沃特姆伯格因为儿子降生，不能参加大会，把酒瓶用1 000美元的保价金额寄给了大会，这成为报纸上的头条新闻。

1993年笔者有幸去瞻仰芝加哥大学的实验现场。足球场的西看台，用灰粉刷过的墙上挂着很厚的烟灰，墙上挂着一块镂花的金属牌匾，那牌上的英文是：

ON DECEMBER 2.1942

MAN ACHIEVED HERE

THE FIRST SELF-SUSTAINING CHAIN REACTION

AND THEREBY INITIATED THE

CONTROLLED RELEASE 0F NUCLEAR ENERGY

翻译成中文是：

1942年12月2日，人类在此实现了第一次自持链式反应，从而开始了受控的核能释放。

这块匾牌是原子时代的出生证。

在芝加哥大学的图书馆附近，建立了新的蘑菇云状的纪念碑，它向人们骄傲地宣布芝加哥大学是原子研究的基地。

美国的原子弹之父
——奥本海默

人们都习惯地称原子弹的总设计师和总工程师奥本海默为美国的原子弹之父。对于这个称号他是当之无愧的。

但是，由于他设计和制造了世界上最早的原子弹，并亲见了原子弹在广岛和长崎造成的巨大灾难。这使他后来反对美国研究和制造氢弹，并使一些科学界的同行受到影响。

为此，一些反对他的别有用心之徒，抓住他早年与共产党的良好关系和他的情人、弟弟是共产党员等事情，指控他与苏联谍报机关有联系，把他推上了审判台，使他成了美国轰动一时的新闻人物。

经过长时间的审讯调查，采取各种形式监听测查，最后法庭还是不得不宣布他是一个"忠诚的美国公民，一个伟大的科学家"。

对奥本海默的审判，使在洛斯阿拉莫斯原子弹基地的158位科学家联名向美国保安委员会提出抗议。

一位坐在听证席上的国会议员，听完审判后激动地说："我为奥本海默在原子弹研究中的成就感到骄傲！"

奥本海默的早期合作者，后来的美国氢弹之父——爱德华·特勒，因为参与了对奥本海默的指控，几乎全体美国科学界一直把他视为卑鄙的小人。

1954年夏天，特勒与妻子密西·特勒到洛斯阿拉莫斯参加一个科学会议时，他看到了二战时与他和奥本海默一起研制原子弹的老同事波普·克里斯蒂，他感情激动地离开了自己的餐桌，走向了克里斯蒂。当他愉快地向克里斯蒂伸出手时，克里斯蒂却鄙视地看着他的手，断然地把脸转了过去，不肯看他。

特勒蹒跚地回到妻子身旁，努力镇定下来，但是，他做不到，不得不与妻子离开了餐厅。当他回到客房时，竟趴在床上放声大哭。

在以后的10年里，特勒又多次遭到这样的冷遇。他曾无限痛苦地回忆说："在这些人中90％以上都把你看做敌人，把你排斥在外，这肯定会对你产生极大的影响。事实上的确产生了极大的影响，它影响我，也影响了密西，甚至影响了她的健康。"

奥本海默审判案的最主要谋划者施特劳斯也付出了沉重的代价。1959年，当参议院提名他出任商业部长时，在洛斯阿拉莫斯与奥本海默一起工作的科学家们弹劾他滥用原子能委员会的职权，发起了对奥本海默的审判。

6月18日，参议院全体会议投票时，他以49票对46票被否决任命，不仅没能当上商业部长，而且，从此他再也没有被提名担任任何公职。

可见科学界与公众对奥本海默是何等的爱戴。可是，美国保安委员会为了以防万一，从1942－1955年，一直对奥本海默严加监视。他的电话被窃听，信件被检查，办公室与家都被偷偷安装了窃听器，他本人也长期被跟踪。

奥本海默曾半开玩笑地说："如果把监视费的一小部分给我，我早成了百万富翁。"

奥本海默对科学事业的贡献和他勇于坚持真理的品

格，是世界人民不该忘记的，也是每一个献身科学事业的人所应该效仿的！

奥本海默在正式受命担任原子弹总设计师之前，已经有了一段很长的研究原子物理和原子爆炸物的历史。

在研制原子弹之前，奥本海默是伯克利大学的物理学教授。他与一些左派学生和共产党员支持西班牙反法西斯的战争，这是他受审判的原因之一。

奥本海默与他的挚友、著名物理学家欧内斯特·劳伦斯使伯克利大学物理系成为美国著名的原子物理研究中心。1930年9月，《纽约时报》以"高速氢离子击破原子"为题，报道了劳伦斯的回旋加速器。而奥本海默的原子物理成就从科学理论上指导和支持了劳伦斯的物理实验。

1936年，奥本海默在伯克利大学与学生琼·塔特洛克恋爱，她不仅是一位激进的左派分子，而且是一位共产党员。他们一起从人力、物力上支持西班牙的民主势力反抗佛朗哥的反动统治。

琼把美国西海岸著名的左翼运动领袖托马斯·阿迪斯等人介绍给奥本海默，这些人都是共产党员。奥本海默通过共产党的有关团体进行捐助活动，他的弟弟也是共产党员。

奥本海默这一切活动都是堂堂正正的，他从没隐瞒过，而且在他真正进入原子弹研究机构时，都如实地在各种表格中做了交代。

1941年10月，劳伦斯把奥本海默带到通用电气公司在斯克内克塔迪的实验室，参加高级科学家讨论原子弹计划的全体会议。这个会议使奥本海默感到美国必须毫不迟疑地投入到一场关系到国家生死存亡的原子弹研制比赛中去。在这场比赛中，他可能成为最关键的角色。这使他终止了定期会见共产党员，并提供捐款的活动。

1941年12月7日，美国发布了日本偷袭珍珠港的新闻，并宣布正式参战。奥本海默也宣布他终止支持西班牙的活动，世界发生了更加紧迫的危机。

奥本海默能够进入原子弹研制机构，并成为核心人物，起源于1941年10月21日的会议。在那次会议上，奥本海默提出了制造一枚原子弹所需^{235}铀数量的计算结果。会议的总结报告就成为了一份原子弹设计的蓝图，明确地描述了他们所设想的原子弹机理，报告中引用的正是奥本海默的计算数据。

奥本海默计算出大约100千克左右那样大的^{235}铀块，

就足以引起爆炸。这个质量称为"临界质量"。低于这一质量的铀块，没有足够的碰撞机会来产生链式反应，因为大部分中子都泄漏到铀块以外的空间去了；超过这一质量的铀块将在一瞬间爆炸。奥本海默估计100千克的^{235}铀块的原子弹爆炸威力可能相当于几千吨梯恩梯炸药。

1942年1月，阿瑟·康普顿聘请奥本海默参加原子弹计划工作，请他与格利哥里·布莱特一起研制原子弹的机理，他们是"快速破裂"项目的负责人。

1942年5月28日，布莱特提出辞职，奥本海默成了唯一的负责人。

1942年夏天，奥本海默领导了利肯大厅顶层的办公室会议。这里是伯克利市政府办公大楼，奥本海默占了顶层的两间做办公室。办公室通向阳台的门与窗子都用铁丝网封住，出去的门只有一把专用钥匙，由奥本海默掌握。

这个研制小组的成员由奥本海默亲自挑选，有瑞士科学家费利克斯·布洛赫，奥本海默的学生罗伯特·泽尔贝尔，后来的诺贝尔奖获得者约翰·弗莱克，后来的氢弹之父爱德华·特勒。

他们研究了原子弹的基本形状、结构、尺寸等等。在几周之内，他们弄清楚了制成原子弹需要经过多少步骤。

成员们都把成绩归功于奥本海默的领导，爱德华·特勒说：
"奥本海默作为全组的领导人表现出一种精明能干、稳重
而又平易近人的气质。我不明白他是如何学会这种领导才
能的。"奥本海默最后成为原子弹的总设计师，还是由格
罗夫斯确定的。格罗夫斯就任"曼哈顿工程"总负责人之
后，对参与工程的主要科学家一一考察，除劳伦斯之外，
他对大多数科学家都很失望。奥本海默是他最后一个考察
对象。

　　同年10月8日，两人在伯克利第一次见面，格罗夫斯
发现奥本海默具有正确评价各种技术方案的杰出才能，他
不像其他科学家那样津津乐道自己的方案，而是愿意花时
间把科学上的症结问题阐述清楚。由于这最初的良好印
象，一星期后，格罗夫斯再访芝加哥时，他通知奥本海默
飞来芝加哥，与他同乘20世纪公司的豪华特别快车返回纽
约。他们在车厢里研讨了原子弹研制保密与调动科学家积
极性的问题，两人取得了完全一致的意见。

　　接着，格罗夫斯带领奥本海默去选择原子弹研制基
地的厂址，他按奥本海默指定的地点，选中了洛斯阿拉莫
斯。尽管"曼哈顿工程"的保安小组拒绝签发奥本海默的
保安许可证，他们新的有关奥本海默是"可疑分子"的材

料像纷纷而来的雪片，飞向了格罗夫斯的办公室。基于对奥本海默才能的倾慕和对他人格的信任，格罗夫斯还是毅然下达了对奥本海默的任命书。

奥本海默就任后的第一件工作是组织第一流的科研队伍。他首先动员最有名望的科学家参加工作，再利用这些科学家的声望去招聘其他科技人员。他设法招聘了芝加哥大学的诺贝尔奖获得者恩里科·费米，后来的氢弹之父爱德华·特勒，精明能干的载纳·密切尔等一流人才。

1943年3月，奥本海默到洛斯阿拉莫斯视察，因为他马上要带领1 000多人的科研大军到这里安家落户了。

美国陆军的3 000名工程兵，经过3个月的艰苦奋战，用粗糙木料与纸墙，建造了一幢主楼，5座实验室，1座金工车间，1座仓库。辅助建筑有一批营房、公寓住宅、简陋的商店等等。整个工地像一个巨大的贫民窟，由于格罗夫斯极端节省，人行道没有铺石料，道路上也没有安装路灯。

4月15日，奥本海默率领科研大军开始了研制工作。他主持了实验室的落成仪式。在中央行政大楼的技术大厅里，格罗夫斯将军代表最高当局对科学家们表示欢迎。

科学家们情绪激昂，作了一系列介绍情况的报告。罗伯特·泽尔贝尔受奥本海默的委托作关于原子弹研究进展情况的报告，他报告了奥本海默理论小组一年来的研究成果。炸药与化学方面的专家也作了报告。

科学家们对报告提出了建设性的意见，重点讨论了原子弹的"枪式装置"问题。这些报告与讨论，对以后18个月的工作有非常重要的影响。科研工作分4个部分：汉斯·贝特负责理论部；罗伯特·巴彻尔负责实验物理部；约瑟夫·肯尼迪负责化学与冶金部；威廉·帕森斯负责军械部。

1943年的下半年，在格罗夫斯与奥本海默的领导下，取得了两项科研实验成果。

1943年11月，罗伯特·威尔逊领导的回旋加速器小组，证实了^{235}铀的一项重要性质，即当它的原子裂变时，次级中子几乎在10^{-10}（十亿分之一）秒内全部放出。这样快的中子释放速度，利用"枪法"制造原子弹，足以保证在炸弹本身炸碎前就已发生了猛烈的链式反应。因此，这一实验已表明，采用"枪式结构"肯定能制造出以^{235}铀为原料的原子弹。

1943年末和1944年初，对^{239}钚的样品实验，证明了由于^{239}钚样品中含有过量的^{240}钚。^{240}钚是一种α射线发射体，从而也是产生本底中子的源。西格雷的实验表明，由于^{240}钚产生的本底中子如此之多，使得以钚为原料的原子弹，采用"枪法结构"压拢时，无论如何其速度也不够快，达不到提前起爆的速度。

1945年初，原子弹实验取得了一系列新推进。首先，费米已经把研究工作的重点由芝加哥移到洛斯阿拉莫斯，他用橡树岭实验反应堆内取得的钚，第一次进行了直径为0.9英寸钚球的中子倍增试验，并由测量推算了内爆式原子弹的临界质量。费米给出的外推临界质量数值为5千克左右，这个数字与初期的估计值相近，比过去一般人预料的要小得多。另外，科学家路易斯·阿尔瓦雷斯也完成了为时两年的起爆装置发展计划，满足了内爆弹所要求在10^{-11}（一百万分之一）秒之内同时点火的指标。

第三，由奥托·弗里斯领导的临界装置试验小组，在奥米加实验室内正尝试着用实验方法直接取得^{235}铀原子弹临界质量的精确数值。他们进行了"逗龙尾巴"实验，可以推算得到原子弹所需^{235}铀的精确数量。

由于上述实验的顺利推进，使奥本海默有可能制订出到格罗夫斯指定的实弹试验日期7月4日以前的每日日程。这使奥本海默第一次看到了胜利的曙光。

随着原子弹研制的不断进展，科学家们开始了反对突然使用原子弹滥杀无辜的斗争。

1944年末，芝加哥"冶金实验室"的22位科学家联名要求政府向美国公众发表声明，公开曼哈顿计划的内容和原子弹的巨大杀伤力，说明它对国际关系的影响。这份文件由罗斯福总统科学顾问布希转交总统。

1945年春天，又由研制原子弹的"始作俑者"西拉德起草一份长长的备忘录，论证了对原子弹实行国际管制的必要性。国际管制是为了遏制军备竞赛，极力反对美国出其不意地使用原子弹。

为了加强对总统的影响，西拉德再一次求助于爱因斯坦，爱因斯坦再一次满足了他的要求，但这一次却没有取得结果。罗斯福总统已病入膏肓，他无力过问此事了。1945年4月12日，罗斯福在乔治亚州的温泉病逝了。

在科学家们全力争取避免原子弹灾难发生的时刻，洛斯阿拉莫斯又传来了新的振奋人心的消息，预计8月1日可以制成一枚实用的原子弹。

格罗夫斯立即前往华盛顿，准备向新任总统杜鲁门汇报。

4月25日，杜鲁门在白宫接见了陆军部长史汀生和格罗夫斯将军。史汀生向总统强调原子弹足以毁灭整座大城市，但是，美国如使用得当可能建立一种挽救世界和平与人类文明的新秩序。格罗夫斯向总统介绍了原子弹的研制过程和使用的设想。他认为德国投降后，日本是唯一的攻击目标。并强调原子弹可以代替美军在日本本土登陆，可以少牺牲100万美国士兵。

　　格罗夫斯没有反映大多数科学家反对使用原子弹的意见：他们研制原子弹是针对德国法西斯，不应突然用于日本；而陆军总参谋长马歇尔将军认为进攻日本本土的牺牲不会很多，应在4万人左右。格罗夫斯与史汀生建议总统成立一个原子弹使用临时委员会，杜鲁门当即批准了。

　　临时委员会中有两位科学家，即詹姆斯·康南特和范尼伐·布希。但他们两人认为不能代表科学家的全面意见，又建议成立了一个学术委员会，其成员有阿瑟·康普顿、厄内斯特·劳伦斯、恩里科·费米、罗伯特·奥本海默。

　　5月31日新成立的原子弹临时委员会和学术委员会举行会议。奥本海默曾力图避免突然使用原子弹，他指出鉴于苏联目前的友好态度，可以与苏联谈判未来的国际合作问题。总参谋长马歇尔将军支持他的观点。但遭到了杜鲁门总统的代表詹姆斯·伯恩斯的反对，他坚持美国最好的政策就是在所有领域处于领先地位。由于他的特殊地位，全体代表同意了他的观点。

在午餐后的讨论中，奥本海默认为进行实验演习不足以使日本畏惧原子弹的威力而放弃战争；在袭击目标前发出警告有许多危险，日本可能击落载运原子弹的飞机，也可能把美军俘虏送到攻击目标；另外，原子弹到底能否爆炸，能造成多大的伤亡仍是个未知数。

根据奥本海默的意见，临时委员会作出3点决定：

1.对日本使用原子弹；

2.目标是周围有居民的军事设施；

3.使用前不进行任何预先警告。

奥本海默没有忠实地反映科学家们反对使用原子弹的意见，使主张投放原子弹的一派占了上风，注定了广岛、长崎大悲剧的发生。

第一个建议美国制造原子弹的科学家西拉德仍在奔走呼号，企图制止灾难的发生。他再一次在科学家中发起征集签名的请愿书。但是，他使我们想到了那位打开瓶盖放出魔鬼的渔夫，他的善良之心是不能感动和制服魔鬼的。

1945年8月6日凌晨1时45分，在太平洋关岛附近的提尼安岛美国空军基地。有一架名为"伊诺拉·盖伊"的B—

29轰炸机，装载着一颗名叫"小男孩"的原子弹，飞向了日本广岛。

早晨8点，飞机到达广岛上空，由于7时30分刚刚解除空袭警报，全城正处于上班前的拥挤状态。8时14分，托马斯·弗比上校投下了原子弹，驾驶员保罗·蒂贝特上校立即驾驶飞机急速转弯，俯冲向下，迅速逃离爆炸现场。

机组人员看到巨大的火球上升，翻腾数分钟之久，形成一团高达9 200米的蘑菇云。

广岛幸存者回忆说："一道炫目的闪光划破长空。我本能地扑倒在地上，全身感到被灼烧一般地疼痛。四周一片死寂，好像地球停止了转动。几秒钟后，听到一阵巨大的爆炸声，好像远处传来的雷鸣。"

另一个幸存者回忆说："所有的东西都烧焦了，彻底地烧焦了……于是我想，世界末日到了。"

"到处横七竖八地躺着死尸，我在地板上连下脚的地方都没有。当时我想象不出是什么力量在一瞬间夺去了这样多人的生命……到处都没有灯光，我们像梦游者一样地走动。"广岛市当局公布的死亡人数是20万人，市中心区已夷为平地，被毁建筑物6万幢，爆炸后全市是一片火海。

8月9日中午12时零1分，另一枚绰号"胖子"的原子弹投掷到长崎市区。原子弹爆炸后12小时，长崎仍是一片火海，大约死亡10万多人。

8月14日，日本投降了，第二次世界大战至此结束。

原子弹在广岛爆炸15分钟后，奥本海默收到了飞机上传来的电报，报告原子弹爆炸情况良好。他通知洛斯阿拉莫斯实验室全体人员到大礼堂集合。一位科学家回忆当时的情景说：

"奥本海默像一位获奖者那样走进了会场。当他穿过大厅走向讲坛时，到处是一片欢呼与掌声，他把双手握在头顶上摇晃着向大家致意。"

杜鲁门总统在公开集会上称赞奥本海默与他的同事们说："他们所完成的事业是一项历史上前所未有的大规模有组织的科学奇迹。这个奇迹是在战争的重担下实现的，而且一次成功。美国在这个史无前例的最大科学冒险事业中，投进了20亿美元——但我们最后胜利了！"

各种各样的荣誉飞向了奥本海默。1945年10月16日格罗夫斯代表陆军授予洛斯阿拉莫斯实验室荣誉奖状，奥本海默代表领奖并讲话。

1946年3月5日美国陆军部长授予奥本海默功绩勋章。

奥本海默被称为"原子弹之父"；《时代》杂志封

面刊登了他的巨幅照片；《现代物理学》杂志登了他在一大堆复杂工业管道上的工作照片；他被邀请参加各种委员会，担任各种顾问。他真正地名扬四海、誉满天下了。但是，奥本海默的心情是矛盾的，他一直有一种负罪感。

原子弹爆炸后，他曾对找到实验室来的采访记者说："我对自己完成的工作有点感到惊慌失措。但科学家不能由于害怕人类可能利用他的发现做坏事而拒绝推动科学前进。"他在1946年的联合国大会上，竟无限忧伤地说："主席先生，我双手沾满了鲜血。"这句话使杜鲁门总统大为震怒，他向副国务卿艾奇逊说："不要再带这家伙来见我了。无论怎么说，他不过只制造了原子弹，下令投弹的是我！"

他在接受实验室的奖状时说："如果原子弹被一个好战的世界用于扩充它的军备，或被准备发动战争的国家用于武装自己，则届时人类将要诅咒洛斯阿拉莫斯的名字与广岛事件。全世界人民必须团结，否则人类就将毁灭自己。这场引起了如此巨大破坏的战争，已清楚地表明了这一点；原子弹更向所有的人揭示了这一真理，令人无可置疑。"

让我们记住奥本海默的话，利用好他们创造的两刃利剑吧！

德国也参加了原子弹比赛

当年，西拉德与爱因斯坦写信请求美国总统罗斯福下令研制原子弹，就是怕德国法西斯抢先研制出原子弹，使世界人民面临更大的灾难。

事实告诉我们，西拉德与爱因斯坦的担忧绝非杞人忧天。

1938年底，德国化学家哈恩和斯特拉斯曼在轰击铀后，在所剩的残余物中找到了钡，而钡的原子量只及铀的一半，由此他们认为：铀原子核被一劈两半。迈特纳与弗里希把这一现象称为"裂变"，并阐明了裂变的机理和裂变过程中释放出的巨大能量。

1939年1月迈特纳和弗里希公布了铀裂变可以释放能量的科研结果。

1939年4月24日，德国汉堡大学教授哈特克博士写信给德国军队，提议研究和制造原子弹。

1940年初，原子物理学家布雷格教授在研究铀的链式反应时，决定用石墨做减速剂。他就与助手到德国最有名望的电器公司——西门子公司，订购一批高纯度的石墨。

在盟国联合研制原子弹的协议中，有一部分内容是美、英要联合破坏德国的原子弹研制计划。所以，英国的特工人员早已监视了德国参加原子弹研制的科学家。

布雷格教授订购石墨的行动被报告到英国的最高当局后，丘吉尔派人询问了英国的原子弹研制组织——莫德委员会。

莫德委员会建议派人使这批石墨掺入杂质，这样实验就无法成功。

英国特别行动委员会的首脑蒙席斯，派人侦察了石墨生产地，按有关专家提出的方法，把不易被人发现的二硫化铁粉末撒入了德国人的石墨中。

布雷格教授用这批石墨做了铀核链式反应的实验，中子的速度并没有减慢。他以为理论推导有毛病，并没怀疑石墨的质量，因为送货单上写着纯度100%，而西门子公司又是一家视质量为生命、誉满天下的公司。

德国原子弹的总设计师海森堡，一向反对用石墨做减速剂，而主张重水是减速的理想用品。由于他的反对，布雷格博士的实验没有进行仔细核验就草草收场了。

美国科学家对这件事记忆深刻。1954年奥本海默还在《纽约时报》上庆幸地说："本来布雷格教授是会比美国早两年造出原子弹的，只是由于他的一个差错，才使人类免遭全面的浩劫。"

是的，费米用石墨做减速剂，取得链式反应的成功是在1942年，比布雷格教授晚了整整两年。而英国人在破坏德国研制原子弹方面的功绩是不应该忘记的。

英国特别行动小组的任务，是继续破坏德国人的重水制造工厂。

1941年夏天，英国人已经侦察到德军的重水工厂设在挪威。

同年10月上旬的一天，蒙席斯在伦敦特别行动小组办公室会见挪威流亡政府的情报局长德隆斯达特。

蒙席斯与应召而来的德隆斯达特热烈握手，请他到办公室的里间密谈，并告诉秘书不见任何来访的客人。

　　两人坐下后，蒙席斯就急不可待地说："请谈谈重水厂的现状吧。"

　　"第二次世界大战之前，我国就在首都奥斯陆西部75千米的里尤坎镇建立了一个水电和电化学联合厂。德军占领挪威后，从1940年改造这个工厂，使它专门生产重水，产品运往柏林。"

　　"知道每个月能生产多少吗？"

　　德隆斯达特从皮包中拿出一份资料，递给蒙席斯说："每月大约生产100千克，但是，他们正在改进设备，催逼多产，产量会逐渐提高。"

　　"我们能破坏这个工厂吗？"

　　"现在还没有把握，我们会尽量想办法。"

　　"可以用飞机轰炸吗？"

　　"很难炸毁。里尤坎的工厂建在深山峡谷中，深入群山有三百多米，又有翁翳的树木作荫避，飞行不便，很难炸中目标。"

　　"您看怎么办好呢？"

　　"可以派人去炸毁它！"

　　"局长先生，能找到合适的人选吗？"

　　"让我回去商量一下。"

德隆斯达特说完就告别了蒙席斯，匆匆地走了。

几天以后，一个身材修长、带着茶色墨镜的年轻人走进了蒙席斯的办公室。

蒙席斯客气地让他坐下，然后低声说："德隆斯达特局长已介绍过您的情况，我们对先生反抗法西斯的大无畏精神十分钦佩！"

"请先生向我布置任务吧！"年轻人打断了蒙席斯的话，他似乎不愿听恭维话。

"您熟悉里尤坎镇吗？"

"我的家就在那里，小时候常到那座工厂的山中游玩、登山、野餐等。"

"您会用炸药吗？"

"我是研究化学的。"

"您会打枪吗？"

"我是优秀射手，得过射击冠军。二战以后，已多次参加过战斗。"

"太好啦！施吉兰德先生，您是我们最理想的突击队长。您的任务就是炸毁里尤坎镇的重水厂。"

"我的队员在哪里？要求什么时间炸毁重水厂？"

"您先回里尤坎镇潜伏下来，我们会尽快派人送炸药、带队员去见您。请回去后马上收集情报，画好地图，准备爆炸。"

在一个漆黑的夜晚，施吉兰德乘飞机飞回了奥斯陆，他在哈丹格高原的山口处跳伞降落，经过数十里的滑雪，他回到了自己的家中。

施吉兰德有些少年时的朋友就在重水厂工作，他很快摸清了情况，给蒙席斯写了报告。

里尤坎电化学厂是一座钢筋混凝土的建筑群，主楼是7层建筑，重水车间在主楼的东侧。工厂四周是崇山峻岭，厂子有很高的围墙和铁丝网。保安人员在四周的角楼上，日夜值班。

蒙席斯收到施吉兰德的情报，立即派出代号"燕子"的第一批爆破队员。4名"燕子"身背炸药，被投在深山密林中，他们经过长时间的滑雪找到了施吉兰德的家。

运送火药的"燕子"到达后，蒙席斯又派出了第二批"燕子"。但是，他们的命运很糟，飞越哈丹格高原时飞机撞到山上，少数活着跳伞的人也被德国法西斯抓住就地枪杀了。

德军在第二批"燕子"身上找到了一幅地图，地图上的里尤坎镇用红笔画了一个圈。德军和盖世太保连夜赶到里尤坎镇，增调了两个连的兵力守卫电化学工厂。

蒙席斯得知机毁人亡，又暴露了目标，十分焦急，他找德隆斯达特商量，希望找到妥善的方法。

德隆斯达特提议说："我认为最好的办法是袭击里尤坎的水电站，让敌人以为我们是想炸毁水电站，把他们从重水厂引开。"

蒙席斯采纳了德隆斯达特的意见，命令当地的游击队袭击水电站，同时轰炸了水坝。

德军发现了英军的意图，就把增加的两连军队调去守水电站，工厂的警卫就放松了。

1943年2月10日夜，由挪威人组成的6名"燕子"，在隆贝尔的率领下，被飞机空投在挪威南方的丛林中。他们经过一个星期的潜伏和滑雪，17日到达里尤坎镇，并与施吉兰德接上了头，10名"燕子"会合了。

施吉兰德与隆贝尔商量后，认为兵贵神速，应该马上采取行动。

第二天夜里，他们乘着夜色，滑雪到峭壁下。峭壁有300米高，布满了警报器，爬上峭壁就可以安放炸药了。但是，每隔两小时德军到峭壁下巡逻一次。他们必须在两小时内完成任务。

施吉兰德把队员分成两组，隆贝尔与他各领一队，利用攀登工具，立即向崖顶爬去。隆贝尔领头，施吉兰德殿后，10名队员都是训练有素的攀登能手，只用1个小时就爬上了崖顶。

施吉兰德与隆贝尔带领3名队员，背起20包低声炸药，爬进了围墙的铁丝网。工厂中机器轰鸣，一片漆黑，谁也没有发现这支小分队。

他们把20包炸药都放入了重水车间，点燃导火索，迅速撤出了电化学工厂。

当德军发现重水车间被炸时，"燕子们"已经滑下了峭壁，逃出了崇山峻岭。

伦敦收到了情报，蒙席斯与德隆斯达特举杯相庆。

蒙席斯说："'燕子们'干得好！德国的原子弹研制将推迟两年。"

德隆斯达特说："要嘉奖'燕子们'，这是第二次世界大战开始以来，盟军爆破队员最成功的战绩！"

德军是一支特别能苦战的部队，他们夜以继日地奋战，仅仅用两个月就修复了大部分设备和机器，重水生产可望很快恢复。

格罗夫斯得此信息，立即请求总参谋长马歇尔将军，派空军轰炸里尤坎重水工厂，决不能让它恢复生产。

马歇尔将军请求英国空军就近轰炸里尤坎重水厂。英国空军说明由于重水厂隐蔽在深山峡谷之中，很难炸中。但由于马歇尔将军坚持，1943年11月，英国还是出动了几百架飞机，轮番轰炸了里尤坎电化学厂。

隐伏在当地的施吉兰德立即给伦敦发了电报，报告空袭没有造成重大损失。

当美、英盟军正在焦急不安、一筹莫展的时候，施吉兰德的电报又送来了好消息：德军正在装运修好的重水设备与机器，还有催化剂、浓缩药等，也一同装船运往柏林。

显然，德军认为盟军已发现了目标，还会不停地轰炸。最好的办法是换一个地方，新建重水厂，这样盟军就无法破坏了。最安全的地方当然是德国本土。

蒙席斯与德隆斯达特商量后，制订了两步方案。第一步是命令施吉兰德与挪威地下抵抗组织，把定时炸弹送上轮船；第二步是派空军在海上炸沉轮船。

当德军将重水工厂的设备装上"海特洛"号的时候，施吉兰德和当地的地下抵抗组织与装运工人一起，把定时炸弹放入了"海特洛"号的船舱。

1944年2月的一个早晨，当太阳刚刚从地平线升起的时候，定时炸弹爆炸了。轮船正行驶到挪威的延斯佐湖，德国人苦心经营的重水及其设备都沉入了湖底。德国法西斯的原子弹之梦也随之破灭了。

如果没有盟军的破坏，没有德军在战场上的连连失利和随之而来的经济困窘，德国的原子弹研制是完全可能走在美国的前面的。

1942年2月，海森堡博士与多佩尔教授的实验最说明问题。他们当时已建造了3座亚临界的原子反应堆，新的实验是建造第4座原子反应堆，编号为52号堆。

他们的原子反应堆外形与美国的很不一样，但工作原理是一样的。反应堆的铀芯装在两个半球形铝壳内，用铆钉固紧，将堆芯沉入大水池，在堆芯正中插一根铅管，可将01中子源一直通入反应堆中心，使中子源放出的中子引起铀的裂变，然后加以测量。

他们测量的结果表明，反应堆所产生的中子数量大于中子源在堆中心放出的中子数量。所以，这次实验证实了链式反应确已发生。

据他们计算，如果把这个反应堆的尺寸放大15倍，就可以建成世界上第一座临界的链式反应堆。这样，海森堡与多佩尔教授就是第一次从反应堆里看到中子增殖现象的科学家。如果继续放大尺寸，完全有可能实现自持的链式裂变反应。

1942年6月，德国又一次召开原子弹研制会议。会议的首席科学家还是海森堡教授。军方的代表是陆军元帅米尔希，他是戈林的助手；另一位军方代表是阿尔贝特·斯佩尔。

海森堡教授直言不讳地告诉与会代表，当时德国的经济状况已无力制造一枚原子弹。但是原子弹的威力太诱人啦！斯佩尔还是下令建造海森堡教授认定的大型原子反应堆。经济是基础，没有雄厚的经济实力，使德国科学家的反应堆只能建筑在流沙之上，只能是一个海市蜃楼。

苏联的原子弹之父
——库尔恰托夫

　　库尔恰托夫1903年1月12日生于乌法省西姆镇一个林业工人的家庭。

　　1920年毕业于塔夫里大学物理数学系，最初留校任物理实验室标本切片员。

　　1925年调列宁格勒物理技术研究所，1930年任物理学研究室主任，1932年开始研究原子核物理。

　　1938年他已在核物理研究方面取得了很大成就，他发表了50多篇科学论文和两部专著。他的《铁电体》和《原子核的人工分裂》代表了他这一时期苏联的研究水平。

称库尔恰托夫是苏联的原子弹之父，他是当之无愧的。

首先，他在学术研究方面是领头人，他主办的中子物理学讲习班是核能物理学科学家的摇篮。

在1939年的讲习班他讲述了1934年费米与助手用中子轰击铀时得到能放出 β 粒子的一些不稳定的物质。这是些什么物质，费米当时没有查明。他推测这些物质属于超铀元素。他的推测有待科学家们进一步去证实。

他用最通俗的语言给学员们讲述深奥的核能释放问题："铀分裂时形成的任何一对轻核的质量之和总比原来铀核的质量小，这是为什么？"

学员们交头接耳地议论，但没有人回答。

"那么小的质量变成裂变释放的核能，这不应该由我来告诉你们。各位依据爱因斯坦能量与质量对应关系的原理，是可以了解的。母核的质量与母核分裂碎片的质量总和的差额变成了核能，而且是惊人的巨大的能量。"

学生们立即激动起来，提出了各种问题：

"火山喷发是核裂变放出的能量吗？"

"地热也是一种核能的释放吧？"

"用核能制成的炸弹能有火药的多少倍呢？"

……

库尔恰托夫在这个学习班，培养了一批原子物理的科学家。他们后来都成了他得力的助手，为苏联的原子弹研制建立了功勋。

如在原子物理学研究中名扬世界的弗廖罗夫，就是在这个学习班由库尔恰托夫委托他专门研究原子核同各种速度的中子相互作用的。

另一位在苏联原子弹研制中作出重大贡献的鲁西诺夫，也是在这个学习班由库尔恰托夫引入核裂变研究的。

彼得扎克的毕业设计也是在库尔恰托夫的指导下完成的。后来彼得扎克与弗廖罗夫在库尔恰托夫的指导下，经过许许多多的艰难曲折，终于发现了铀的自发裂变，时间是1939年，它是苏联核能研究中的重大发现。

其次，库尔恰托夫也是科学实验的统帅。他领导了列宁格勒物理技术研究所大型回旋加速器的研制，这是欧洲功率最大的加速器。

1939年9月22日，天气晴朗，风和日丽。列宁格勒物理技术研究所的大院里，万头攒动，人声鼎沸。随着一阵鞭炮声和欢呼声，大会主席宣布回旋加速器实验大楼奠基仪式开始。约飞所长为大楼基础砌了第一块砖，库尔恰托夫砌了第二块砖。他又因为是回旋加速器的设计者而被称为"苏联的回旋加速器之父"。

其后，库尔恰托夫一直为回旋加速器实验大楼而四处奔忙。但是，战火已经从波兰、捷克斯洛伐克烧向了法国。随着德国法西斯侵略的不断扩大，苏联也成了攻击目标。

到1941年6月苏联科学院物理研究所的回旋加速器实验大楼已建起了两层，但它还是不得不在德国的猛烈轰炸下停建了。

苏联在卫国战争前，原子核能研究方面的成就集中反映在1940年11月23日召开的重核分裂会议中。大会在莫斯科召开，彼得扎克和弗廖罗夫报告了他们的实验与发现。他们在库尔恰托夫指导下，进行了铀自发裂变的实验。

他们的实验不仅在实验室得到证实，而且在"狄那摩"地下铁路车站进行实验，也就是把实验移到50米深的地下。在宇宙射线强度不及地面1/40的地下，与在列宁格勒地平面上所做的实验结果是一样的，即铀核的自发裂变是存在的。

库尔恰托夫称"这是苏联科学家在科学的最微妙最

复杂最前沿的领域中所取得的世界性成就——铀的自发裂变"。库尔恰托夫的报告是会议的最重要的报告。他在报告中阐述了中子发射延迟的问题，这些缓发的中子不在裂变当中发射，在裂变产生碎片飞散之后一段时间才发射出来。他抓住了缓发这一特点，使对链的过程的控制简单化了。缓发中子的影响又表现在向反应堆插入镉吸收剂后，链式过程不是立即停止，而是逐渐停止的。

他还阐述了"为纯铀和铀水混合物"而得到链式反应的问题。他说："实现链式反应的最有利的时机是在混合物中的氢和铀的原子数的完全确定比例时。"他引证了水—铀系统中用^{235}铀的同位素使铀加浓后，有可能实现链式反应的计算结论。现代用浓缩铀的铀—水反应堆就是从库尔恰托夫这里发源的。这个科学思想与成就没受任何外国科学家的丝毫影响。

苏联科学院亚历山德罗夫院士在《真理报》上，对库尔恰托夫的报告做了简要的评价。

他说："在伟大的卫国战争前夕，库尔恰托夫的测量表明，用纯^{235}铀进行链式反应，应不用减速剂——正是这一原理后来被用在核武器上。"

莫斯科的核物理大会刚刚散会，库尔恰托夫与他的学生们在火车上就开始研究下一步的工作了。

弗廖罗夫兴高采烈地大喊："同志们！这下可以大展宏图了。你们都看见了，会议主席团对库尔恰托夫的报告反应多么强烈，只要能促成链式反应，科学院是不惜一切代价的。"

彼得扎克兴致勃勃地接着说："我们也要不负所望，我建议由库尔恰托夫老师起草一份原子能科研规划，呈报科学院，取得国家的支持，大干一场！"

"好！我接受这个委托，请大家先议论一下。"库尔恰托夫走向了弗廖罗夫和彼得扎克，其他科学家也围拢过来。

列车继续向前奔驰，夜已经很深了，车厢外一片漆黑，其他旅客都进入了梦乡，只有库尔恰托夫与学生们还毫无睡意，他们热烈地议论着核原子能计划。

谁能想到1941年6月22日德军突然向苏联发起了进攻。当6月21日晚，在德军中服役的捷克斯洛伐克共产党员越过边境，向苏军报告时，苏军仍表示怀疑。敌军全面入侵时，大多数部队还没接到反击的命令。

随着战火的熊熊燃烧，科学家们纷纷奔赴战场。彼得扎克到作战部队做了侦察队长；弗廖罗夫被派去参加飞机装配专修班，后来也参加了作战部队；库尔恰托夫被分到电工技术部队，以首批预备兵列兵身份奔赴前线……

欧洲最大的回旋加速器实验大楼，珍贵的粒子计数器，实验的云室和铀罐……在飞机的轰炸下变成了废墟，在坦克的履带下被碾碎。

1942年7月17日，打响了斯大林格勒保卫战。它标志着德国法西斯已无力在3个方向上全面进攻，只能把兵力集中在南部战线，准备夺取巴库的石油和顿河产粮区。

斯大林格勒保卫战的胜利，成了第二次世界大战的转折点，原子弹的研究又被提到苏联的议事日程上来了。

1942年夏天，莫斯科凉爽宜人，红场上静悄悄的，没有昔日的音乐与游人。克里姆林宫二楼斯大林的办公室里，贝利亚正向斯大林解释一份情报。

"斯大林同志，这是英国负责原子弹研究的莫德委员会的报告。英国人正在研究一种新的炸弹，叫原子弹，是一种威力无比的武器。据说它能把整个城市炸毁。"

斯大林被原子弹的威力所吸引，他放下了笔，点燃了烟斗，开始仔细询问贝利亚："情报上有没有说它为什么有如此大的爆炸力呢？"

"它利用铀核的链式反应，放出原子核的热量。"贝利亚说。

"铀核是什么？我们有吗？"斯大林继续问贝利亚。

贝利亚也是从这份克格勃的情报上才第一次知道原子弹，他无法回答斯大林更详细的提问。

斯大林布置说："请您继续了解英、美和德国的原子弹研制情况，并了解一下我们的核物理学家们进行过什么样的工作。如果可能的话，请他们来一次莫斯科。"

1942年10月22日，库尔恰托夫应召从喀山到达莫斯科；研究宇宙射线的物理学家阿里汗诺夫也从阿拉戈斯山地考察团被招来莫斯科；还有苏联科学院物理技术研究所的所长约飞博士等也到达了莫斯科。

斯大林亲自接见了物理学家们，向他们请教了美、英和德国的原子弹研制前景。科学家们告诉斯大林：美、英、德的科学家完全有能力制成原子弹，这种威力无比的武器确实是可以将一个中等城市变成一片废墟的。

斯大林又问物理学家们，能不能造出苏联的原子弹。

39岁的库尔恰托夫勇敢地站起来说："斯大林同志，我们并不比他们笨。20世纪30年代我们已进行了核原子的研究，1938年我们已实现了铀核的自发裂变反应，战前我们的回旋加速器大楼已盖起了两层。但是，战争破坏了一切，我们的科学家正在流血牺牲，为保卫祖国而战！"

斯大林严肃的脸上露出了微笑，他站了起来，一边踱步，一边说："您叫什么名字？"

"报告斯大林同志，我叫伊戈尔·阿列克谢耶维奇·库尔恰托夫。"

斯大林挥动着烟斗说："好的，库尔恰托夫同志，就由您起草一份计划，请各位专家讨论一下，然后呈报给我。我们也要有自己的原子弹，党和国家会全力支持你们的！"

库尔恰托夫在莫斯科工作了一个半月，到12月初，他终于把一份核原子的研制计划呈报给了苏共中央。

1942年底，库尔恰托夫告别莫斯科回到喀山，又回到他的物理研究所，看看还有一些什么设备可以利用，还有一些什么仪器没有被破坏，寻找和他一起研究核物理的同志的踪迹。

库尔恰托夫与科学院院士阿里汗诺夫，经过各种寻访，终于找回了列宁格勒的同伴弗廖罗夫、格拉祖诺夫、谢普金、斯皮瓦克等人，组织了新的原子弹研制班子。

1943年3月5日，库尔恰托夫又回到莫斯科，他的其他同伴也陆续去了莫斯科。他们的总部设在佩热夫斯基胡同，这里是苏联科学院的一个研究所。

工作条件十分艰苦，与库尔恰托夫一起工作的涅梅越夫竟然没有宿舍，没有床位，只能在库尔恰托夫的办公桌上睡觉。库尔恰托夫最初也没有宿舍，只能住在阿里汗诺夫家里。

新的回旋加速器安装在哪里，得由库尔恰托夫自己到郊外去找被破坏的或未建完的楼房。他与阿里汗诺夫在近郊的波克罗夫斯科—斯特列什涅沃地区找到了尚未完工的创伤学大楼。没有门窗，没有装修，到处堆放着垃圾。他们决定自己动手，修缮一切，把回旋加速器重新装修好。

库尔恰托夫派涅梅诺夫到列宁格勒去，把战前他们埋藏的回旋加速器的各种部件都运到莫斯科来。

涅梅诺夫很快就打回电话，报告一切器件完好无损。但是，列宁格勒已被德军三面围困，运送设备是一项十分艰难的任务。

由于电磁铁重75吨，没法运出，铜板、高频发生器和绝缘材料等，装了满满两火车，武装押运到莫斯科。

回旋加速器的安装、实验工作，从1943年春天开始，一直到1944年春天才调试完成。库尔恰托夫的实验工作一直干到深夜，1时45分，他的电话响了，涅梅诺夫高兴地向他报告：

"我们看到了第一束粒子，同志们欢呼雀跃，欣喜若狂。欧洲第一束氘核束终于诞生了。"

"涅梅诺夫同志，祝贺您！让同志们等一下，我要亲自看看氘核束，我马上就到。"

3时40分，库尔恰托夫眉飞色舞地赶来了，他兴奋地对同志们说："好极了！好极了！祝贺你们的成功！"一边说一边与大家一一握手。

加速器再次开动了，氘核束出现了，稳定而强烈。

库尔恰托夫与涅梅诺夫热烈拥抱后大声说："同志们请到我家里去，我还有一瓶香槟酒，大家庆祝一下。"

同志们不断喊着"乌拉"，把库尔恰托夫扔上了天空。回旋加速器运转后的第一个科研成果是苏联科学家独立发现钚。

库尔恰托夫动员了苏联第一流的化学家与物理学家，开始用中子轰击包着石蜡的铀核。从反应中得到一种质量为239的元素，这是一种放射性元素，衰变时可放出 α 粒子。它就是原子弹的宝贵原料——钚。钚核的特点是在任何能量中子作用下，都能像^{235}铀核一样裂变，甚至比^{235}铀核裂变得还好，因为这种情况下能放出更多的第二代中子，每个裂变行为能产生3个中子。就是说，如果在加有减速剂的天然铀中进行链式反应的话，那么，不参加这一反应的^{238}铀将吸收部分中子，并由此得到裂变物质钚。在积累和分离出这一物质后，便可实现可控反应和爆炸型反应。

1944年11月18日，库尔恰托夫因领导原子弹工作成就卓著，被授予列宁勋章。

苏联原子反应堆的研制，库尔恰托夫与美国科学家不谋而合，他也选择了铀—石墨系统为主攻方向。

铀—石墨系统的负责人是帕纳修克，他的计算结果是石墨原子核俘获中子的截面约在4×10^{-27}平方厘米的时候，便会发生反应。

库尔恰托夫说："我认为这种截面是切合实际的。我们要记住这个数字，它将长久地成为我们的方向标。"

但是，到哪里去弄铀和石墨呢？国家在打一场生死存亡之战，一切主要靠他们自己去争取，去完成。

首先在佩热夫斯基胡同楼房的地下室，建造了一台测试装置，用来测试石墨样品俘获中子截面的情况，以便确定石墨是否适于作减速剂。

帕纳修克动员人们找来的石墨，由于纯度不高，都通不过实验。他向库尔恰托夫报告说：

"这些石墨样品对待中子，就像饿狼对待羊羔一样。"

最后，库尔恰托夫决定向工厂订货。工厂对石墨的纯度也望而生畏，但在帕纳修克等人的帮助下，调来了国内一流的石墨专家主持工作，终于造出了合格的石墨。

这时测试工作已由大楼的地下室搬到对门医院里的帐篷中进行。条件的艰苦一点也没有影响工作的进度。

石墨的问题解决了，就轮到铀了。

铀的纯度也是一个大问题，对选矿厂运来的成百吨铀的浓缩物进行加工之后，其杂质的含量不应超过10^{-11}（百万分之一），尤其不能含有硼、镉、铟、稀土元素。由于党和国家的支持，合格的铀制造出来了。铀纯度的检验工作，在一座锅炉房里进行。最初，铀的纯度依然不够，含有的稀土族元素超量。经改进，终于使铀的纯度达到了要求。

库尔恰托夫率领同志们渡过了一个又一个的难关，他们离成功越来越近了。

有了合格的石墨和铀，苏联科学家开始建造自己的反应堆了。

为了增强防护作用，在反应堆的地址上修1个长、宽、高各10米的混凝土地槽，在这个地槽里建造反应堆。

　　库尔恰托夫设计了4座反应堆模型，都是球状体。在第一个球体内，对铀核自发裂变产生的中子密度作了测定。库尔恰托夫将预测的第一个未来曲线点标在专门准备好的曲线图上，看看在何种负荷下，铀和石墨将起反应。

　　第二个球体装的石墨和铀比第一个大致要多出两倍。安装完毕后，请库尔恰托夫亲自检查和实验。他检查了标准源、硼室、金属指示器等，实验过程中他亲自在未来的曲线图上标了点，做了记录。

　　第三个球体继续增大，曲线图上的点又向下移动了。根据测出的3个标记点，便可测出曲线的行程。

　　为了确保绝对准确，库尔恰托夫决定建造第四个球体，并使用安全棒。这个球体，又增大了1倍。库尔恰托夫亲自测试，把最后1个点标在曲线图上。曲线已靠近水平轴，从零到虚线相遇点的这个轴的截距表明，在具有这种减速剂的情况下，如何安放这种轴才能达到临界状态。

　　经过实际安装和测试，开始建造真正的永久性的原子反应堆了。

　　没有彩旗，没有锣鼓，没有鞭炮，甚至连仪式和讲话也没有。史诗般的惊天动地的伟大事业就这样悄悄地开始动工了。

库尔恰托夫是现场指挥，他宣布："让我们从安装反射层开始吧！"

科学家与工人一起，按设计图纸用石墨铺砌中子反射层，反射层可阻止中子反射到外面，它的任务是使中子返回到反应最激烈的地方。反射层厚0.8米，是反应堆的第1层。铺完了反射层，库尔恰托夫又宣布："开始建造活性区。请同志们注意，这是反应堆的核心部分，活性区建造的好坏，决定了核反应能否正常进行。"

砌到第30层时，为了安全，把3根镉棒按设计要求放入了反应堆，这3根镉棒的作用是为了熄灭反应和调节反应的强弱。

砌到第58层时，出现了中子射线的噼啪声。但，这还不是铀裂变的自持链式反应，只是自持链式反应的信号。

砌完第60层石墨时，测试了中子的密度，比58层时增加了1倍。

库尔恰托夫看完测试数据说："按科学的推算，再砌两层就会产生链式反应了。"

砌完最后两层，库尔恰托夫命令工人和科学工作者都撤离到安全地区。反应堆旁只留下他的4名助手：帕纳修克、杜博夫斯基、巴布列维奇、孔德拉季耶夫。

库尔恰托夫指示他的助手分别打开声、光指示仪器，检查控制系统和防护系统。然后，由帕纳修克拉起反应堆的安全棒，促使反应堆开始工作。第3根镉棒是控制棒，是由库尔恰托夫亲自拉起的，他拉到2 800的数字上，表明还有2.8米长的棒留在核反应堆中。

这时，连接中子计数器的氖灯开始闪光，但连接中子辐射指示器的电流表指针仍然未动。

库尔恰托夫指挥帕纳修克说："把安全棒放下，把控制棒继续抬高，升高10厘米。"

氖气灯光更亮了，噼啪声更响了，但10分钟后，反应又平稳了。库尔恰托夫再次下令："再抬高10厘米。"

电流计指针灵敏地转动，扬声器中的细碎的噼啪声汇合成了隆隆的响声。电子管的闪烁变成了明亮的红黄色的光辉。大家鼓起掌来，而库尔恰托夫依然目不转睛地盯着中子密度增加曲线图，他郑重地说："还没有最后成功，再提高5厘米控制棒。"

电流指针一直上升，红黄色的光辉变得闪闪发亮，扬声器发出嗡嗡的叫喊声，在这核反应的交响曲中，库尔恰托夫宣布："原子反应堆的链式核反应成功了！"

在大家的欢呼声中，库尔恰托夫宣布："我们已将原子能的火焰点燃。下面看看我们能否熄灭它！"

他按动了放下安全棒的按钮。

电流计指针开始平稳下降，最后不动了；隆隆的信号声稀疏了，完全没有了；电子管亮光开始闪烁，最后完全黑暗了。

库尔恰托夫郑重宣布："原子能完全听从苏联科学家的指挥了！"

同志们高喊"乌拉"，握手拥抱，欢呼雀跃，夜沸腾了。

这一天是1946年12月25日，苏联人民不会忘记它，撰写科学史的人们也不应该忘记它。

1945年，在原子弹研制的历史上，有两件引人注意的大事。

第一件是美国的原子弹专家会议。会议进行中，五角大楼打来电话，询问苏联何时能研制出原子弹？

参加会议的费米、奥本海默、康普顿等经过详细讨论后认为：由于战争破坏和苏联起步较晚，最快也得10年才能研制出原子弹。会议的主持者格罗夫斯将军认为这个估计过高，他宣布苏联最快也得15—20年才能造出原子弹。

第二件是波茨坦会议。在美、英、苏三国首脑会议期间，7月26日下午，杜鲁门神秘地告诉斯大林："大元帅，我高兴地向您报告，我们研制出了一种新武器。"为了向斯大林炫耀，他停了下来，想看看斯大林的反应。

斯大林笑嘻嘻眯着眼睛，叼着烟斗，若无其事地说："总统先生，我在洗耳恭听呀！"

杜鲁门凑到他跟前说："它是一种巨型炸弹，破坏力难以想象。"

杜鲁门的傲慢和神秘激怒了斯大林。斯大林会后就找莫洛托夫，请他立即与库尔恰托夫通电话，一定要加速原子弹的研究，打破美国对原子弹的垄断。

斯大林回到莫斯科命令贝利亚亲自挂帅，领导原子弹的研制工作，并以1812年拿破仑与俄国人大战的古战场"鲍罗金诺"为核工程重新命名；并让库尔恰托夫等高级研究人员享有小轿车、别墅和高工资的特殊待遇；动员了数以百计的研究所、大学、工矿企业投入到原子弹的研究和制造的庞大工程中来。这样，苏联原子弹与核工业进入了迅猛前进、全面铺开的发展阶段。

苏联军队解放了捷克斯洛伐克与民主德国，对苏联的原子弹研制是一大帮助。捷克斯洛伐克新建的共产党政府全力支持苏联，丰富的铀矿石源源不断地从捷克斯洛伐克与民主德国的萨克森矿区运送到苏联，解决了原子弹的原料问题。苏联的克格勃组织也为原子弹四处奔忙。克劳斯·富克斯是德国的物理学家，因受纳粹迫害而逃亡英国。

1940年5月，英国政府决定凡敌国侨民，不分政治信仰如何，一律加以拘捕。富克斯被送到马恩岛的拘留所，为此他对英国十分不满。后来，他被押往加拿大。

1941年1月，富克斯获释返回英国，在英国的原子弹研制中心哈威尔工作。英国的哈威尔就是美国的洛斯阿拉莫斯，富克斯接触了英国原子弹的绝密资料。由于苏联在反法西斯斗争中的英勇精神和光辉业绩，使富克斯由衷地钦佩，他加入了克格勃，为苏联提供英国研制原子弹的情报与资料，其中有关同位素分离的细节，对库尔恰托夫有很大帮助。

1943年12月，根据魁北克协议，富克斯作为英国科学家的代表，参加了美国洛斯阿拉莫斯的原子弹研制工作。

苏联克格勃得知富克斯进入美国原子弹研制基地，贝利亚立即派戈尔德潜入美国，与富克斯取得了联系。1944年6月，戈尔德从富克斯手中得到了美国原子弹初步设计的蓝图；不久，又得到了^{239}钚自发核裂变的基本参数；在波士顿，富克斯又将原子弹的详细说明资料交给了克格勃。这些绝密资料对苏联科学家确实是雪中送炭，使他们少走了许多弯路。苏联科学家为祖国增光、为党争气的钻研精神，科学家联合攻关、万众一心的集体智慧也加速了原子弹研制的进程。

1948年，苏联科学家已建成生产钚的6座原子反应堆。他们在阿尔兹珂玛以南60千米处建造了原子弹实验室。由著名的原子物理学家哈里顿任主任，聚集了一批最优秀的科学家。这时库尔恰托夫已提升为国家安全委员会主席，领导全国的原子弹研制工作。

1949年8月，苏联终于制成了自己的原子弹。它以钚为原料，圆圆的，胖胖的，像一个大南瓜。它的"栽种者"就是以库尔恰托夫为首的一批原子物理学家。

1949年8月下旬，"南瓜"被运到塞米巴拉金斯克的米什克瓦试验场。在试验场上，建造了一个10层楼高的金属架，"南瓜"就放在金属架上的塔内。导线由塔顶通到设在掩体内部的指挥所。

在离爆炸中心的各种距离内，修筑了实验的建筑，其中包括砖瓦和木材的房屋、军用的防空洞、碉堡等；还放置了各种武器，如坦克、大炮、飞机等；还有各种动物，放在露天或掩体内……总之，放好了各种实验用品。

爆炸前3天，国家安全委员会主席库尔恰托夫来到了实验场，与他同来的还有一批科学家与工程师。

实验场主任向库尔恰托夫做了详细汇报，请他做指示时，他只是谦虚地说："同志们辛苦了！我是来向你们学习，我学习完了再发表感想。"

第二天，他就领着随行人员奔赴现场，亲自检查每一项设施，亲自询问每一项准备工作，亲自审阅了现场记录……他回到宿舍时，早已是万家灯火、星斗满天了。

实验引爆的前夜，刮起了强风，阴云密布，天要下雨了。

库尔恰托夫又果断地决定，引爆提前1小时，爆炸不能在雨中进行，否则拿不到准确数据。他给实验场主任挂了电话，主任表示立即执行他的决定。

8月29日早晨，实验场主任在指挥所内按动了引爆的电钮。一道夺目的闪光照亮了阴云密布的天空和摆满实验用品的大地。在这瞬息的寂静中，库尔恰托夫说："看！这就是原子闪电。原子弹已经掌握在苏维埃人民的手中啦！"

随着他的话音，那个熊熊燃烧的大火球腾空而起，掩蔽所、指挥部和整个现场传来了震耳欲聋的雷鸣，冲击波像狂飙带来了人造地震，建筑物的墙壁、柱子、电灯都剧烈地晃动、颤抖起来。

库尔恰托夫振臂高呼："让原子弹的风暴来得更猛烈些吧！美国佬垄断原子武器，讹诈世界的时代一去不复返了！"

库尔恰托夫亲自给斯大林写了报告，斯大林看完报告，长长地吐了一口烟，满怀忧虑地说："但愿世界今后不再有战争！"

美国的高空侦察机很快从空气中收集到了含有放射性物质的样品，实验室化验结果，发现了钚核的碎片！它使杜鲁门总统非常吃惊，也使美国的原子弹专家们感到意外，他们不得不承认他们低估了苏联科学家的水平和实力。斯大林的"南瓜"，恰恰是杜鲁门的苦果。

杜鲁门听完科学家的汇报，不得不面对残酷的现实，发表了美联社的声明："我们有证据证明，苏联不久前进行了一次原子弹爆炸。"这时，杜鲁门想起了波茨坦会议上，当他向斯大林讲起原子弹时，斯大林狡黠的一笑。

1949年10月29日，库尔恰托夫因为在原子能研究中的丰功伟绩被授予"社会主义劳动英雄"的称号，又一次得到了国家勋章和奖金。

疯狂的核武器军备竞赛

当科学家发现原子可以释放出巨大能量时，他们一个个欣喜若狂，以为他们找到了新的巨大能源，可以更好地造福人类了。1939年，德国科学家奥托·哈恩和弗里茨·斯特拉斯曼用中子轰击金属铀，获得了钡和稀有气体氪。

不久，在瑞典工作的科学家利斯·迈特纳和奥托·弗里希也用中子轰击金属铀，得到了同样的结果。他们高兴地宣布哈恩和斯特拉斯曼已经完成了世界上第一次对原子核的分裂。他们对原子核的分裂做出了震惊世界的解释。

原子分裂（又称核裂变）时，产生了两种新元素——钡和氪，两者的重量之和，比原来的原子铀小很多，这意味着分裂过程中，释放出了巨大的能量。使原子分裂的中子，它的能量只有1/30伏特，但它却释放出2亿伏特能量，这是多么令人振奋啊！科学家们已找到了一个释放难以置信的巨大能量的途径。恰在此时，爆发了第二次世界大战，欧洲千千万万善良的人们处在德国法西斯的铁蹄蹂躏之下。匈牙利的科学家威格纳和西拉德，不得不逃亡美国；物理学界泰斗爱因斯坦被纳粹剥夺了公民权，也不得不流落他乡；发现核裂变链式反应的诺贝尔奖获得者费米，因为妻子是犹太人，也不能在意大利安身了……

科学家们自身所受的迫害和广大人民群众所遭受的灾难，使他们十分害怕希特勒法西斯掌握原子弹。这一群以杀人为乐的魔鬼，可以把数以百万计的妇女和儿童送进毒气室，一旦他们掌握了原子弹，一切善良人们的命运是难以想象的！所以，西拉德和爱因斯坦才给美国总统罗斯福写了信，请美国研制原子弹。当科学家们确知德国制不出原子弹来时，他们立刻警惕起来，四处奔走，大声疾呼，请求政府不要使用原子弹。

但是，掌握国家大权的政治家，驾驭着战争的军事家，对科学家的呼声，或充耳不闻，或敷衍塞责。他们还是在广岛和长崎投下了"小男孩"和"胖子"，制造了惨绝人寰的大浩劫。日本投降了，世界和平实现了。但科学家要求限制和销毁原子弹的呼声一刻也没有停止过。

原子弹在广岛爆炸时，核裂变的发现者哈恩正在英国的监狱中，他被惊得目瞪口呆。其后他一直致力于反对研制和使用原子弹，谴责那些利用他的发现残害人类的刽子手。在建议美国研制原子弹的信上签名的爱因斯坦，又一次给美国总统写信，反对使用原子弹。他在1945年12月10日纪念诺贝尔奖的宴会上发表演说，呼吁把科学用于争取和平，造福人类，反对原子弹的战争讹诈。

1950年2月12日，爱因斯坦又一次在美国发表《原子能时代的和平》的电视演说：

"感谢你们使我有机会，就这个重要的政治问题发表意见。

在军事技术已发展到目前状况的今天。加强国家军备以保证安全的想法，只是一个会带来灾难后果的幻想。美国首先制成了原子弹，所以，特别容易抱有这种幻想。看来多数人相信，美国最终可能在军事上取得决定性的优势。

这样，任何潜在的敌人就会被震慑，而我们和全人类就可以得到大家所热望的安全了。我们近5年来，一直信守的格言，简而言之，就是：不惜一切代价，通过军事力量的优势以保证安全。

　　美国与苏联之间的军备竞赛，最初只是作为一种防止战争的手段，现在已经带有歇斯底里的性质。在保证安全的漂亮帷幕后面。双方都以狂热速度改善大规模的破坏手段，在人们的眼光里，氢弹似乎已是可能达到的目标。

　　一旦达到这个目标，大气层的放射性污染以及由此引致地球上一切生命的灭绝，在技术方面而言将成为可能。这种发展的可怕之处在于它已明显地成为不可遏制的趋势。第一步必然引出第二步。最后，越来越清楚地必然招致全人类的普遍灭绝。"

　　爱因斯坦关于发展原子武器"必然招致全人类的普遍灭绝"的呼喊，绝不是演说家的煽动，而是科学家对全人类的实事求是的警告！

　　第二次世界大战之后，军备竞赛并没因科学家的警告而停止，而是更加疯狂。

　　第二次世界大战结束前夕，美国倾其全力，研制出两枚原子弹，投向了日本，造成了30万人的死亡和多年的放射性灾难。日本受害者痛苦的呻吟还没有结束，美国就以更大的规模制造原子弹了。到1955年已建成8座石墨水冷原子反应堆、5座重水原子反应堆，及其配套的后处理工厂，形成了美国军用的钚生产体系。1951－1961年，花23亿美元扩建橡树岭气体扩散厂，新建帕杜卡和朴茨茅斯两个气体扩散厂，每年可生产^{235}铀约75吨左右。原子弹这种骇人听闻的杀人武器已有了足够的原料！

1952年，美国国会批准了建造第一艘攻击型核潜艇"鹦鹉螺"号的拨款。1954年1月，"鹦鹉螺"号建成下水。1959年第一艘弹道导弹核潜艇"乔治·华盛顿"号建成下水。1960年7月20日，从水下发射"北极星"导弹成功。不但从天空可以投下原子弹，从水下也可以发射原子弹了。

1952年11月1日，美国试验了第一颗氢弹，它的威力，远远超过原子弹。实验在太平洋马绍尔群岛的一个小珊瑚岛上进行，氢弹安放在钢架上，实验成功了。其爆炸力比广岛的原子弹大500倍；火球直径6 000米；小珊瑚岛被一扫而光，在海下炸出一个50米深、直径1 600米的大坑。

苏联也不甘落后，1949年9月爆炸第一颗原子弹。1953年8月12日爆炸第一颗氢弹，它的原料是氘化锂等轻核燃料，可以用飞机载运，远远领先于美国。美国的第一颗氢弹是个庞然大物，飞机运不动，没有进攻性。

1961年10月31日，苏联在新地岛进行了世界上最大的氢弹实验，其爆炸力相当于6 000万吨梯恩梯炸药，产生的冲击波绕地球转了3圈，头1圈的时间是6.5小时。苏联还声称已经能生产1亿吨级的氢弹，这样的氢弹可以炸出直径30千米的弹坑，60千米内一切生命都会荡然无存。

20世纪50年代末，苏联也建成了核潜艇，完全可以载运自制的轻体氢弹，从水下发起进攻。

英国在第二次世界大战中国力衰竭，但依然竭其所能发展核武器。1952年，爆炸了第一颗原子弹，1957年爆炸了第一颗氢弹，1963年制成了第一艘核潜艇。

法国政府首脑戴高乐亲自主管原子能委员会。1960年试爆了第一颗原子弹，1968年试爆了第一颗氢弹，1971年制成第一艘核潜艇。

1955年1月中共中央决定建设原子能工业，规定了"以自力更生为主，争取外援为辅"的方针。

1955－1960年，与苏联签订了6个援助协议。1958年春苏联援建的第一座研究性重水反应堆和回旋加速器建成。

1958年5月，内蒙古包头核燃料原件厂、甘肃兰州铀浓缩厂、酒泉原子能联合企业、西北核武器研制基地都陆续开工。

1960年7月，苏联撤走专家，撕毁协议，停止供给技术资料和技术设备，我国开始完全独立自主地研制核武器。

1962年，郴县铀矿、上饶铀矿投产；1963年8月，衡阳铀水冶炼厂建成投产，11月，六氟化铀厂出产首批合格产品。1964年1月，兰州铀浓缩厂一次投产成功，^{235}铀丰度达90%，保证了铀制原子弹的装料。

1964年10月8日，我国成功地爆炸了第一颗原子弹。

1964年8月，包头核燃料元件厂生产出合格的铀芯棒，9月生产出合格的热核材料^{6}锂产品。1966年酒泉原子能联合企业的石墨水冷生产堆建成投产。1967年我国试爆第一颗氢弹。1971年9月，我国第一艘核潜艇下水。

从第一颗原子弹到第一颗氢弹的试爆成功，美国用了7年零4个月，苏联用了4年，英国用了4年零7个月，法国用了8年零6个月，而我国只用了2年零8个月，我国的发展核武器速度是最快的。

世界已公认我国进入了核技术先进国家的行列。

毋庸置疑，核武器的竞赛，浪费掉了大批的人力、物力、财力，使世界变成了一个火药筒，爱因斯坦的警告是我们一刻也不应该忘记的！

原子能是一把两刃的利剑

由于科学家们的不懈努力，人类开始了对原子能的和平利用。

20世纪40年代后期，美国的威拉德·利比发明了同位素碳测年代法。这位芝加哥大学的化学家通过测定放射性 ^{14} 碳原子的衰变把古代遗物年代的测算提高到空前精确的水平。放射性碳年代测定法诞生之后，立即在考古学、人类学、地质学领域大显身手，成绩显著。

原子能和平利用的最大成就是各国纷纷建立原子能的核电站。

早在20世纪40年代，科学家们就认识到人类长期使用的煤、石油、天然气等化学能是难以满足日益扩大的需要的。科学家们从发现核能的第一天起，就渴望着利用这一新的巨大的能源。

当第二次世界大战的硝烟刚刚散去，一些军事核大国的科学家就转向了对核能和平利用的研究。

1951年8月，美国阿贡实验室在津恩的领导下，在爱达荷州的阿尔科建成了世界第一座实验性快中子增值堆，它生产的高温蒸气带动发电机发出了100多千瓦的电力，这是人类第一次用核能发电。

1953年6月，美国第一艘核潜艇的陆上模式堆发电。这是一座用加压水慢化和冷却的反应堆。它的发电成功，为后来核电站的发展在技术上铺平了道路。

1950年苏联政府通过了建立核电站的决议。1954年6月27日，在莫斯科近郊奥布宁斯克，利用石墨水冷的生产技术建成了世界上第一座向工业电网送电的核电站。

1953－1959年，英国建造的石墨气冷生产堆，每座热功率约27万千瓦，电功率6万千瓦，效率22％，组成了卡德豪尔核电站和查佩尔克罗斯核电站。

1956－1961年，苏联在新西伯利亚建成6座石墨水冷生产堆，每座热功率60万千瓦，电功率10万千瓦，效率

16.7%，组成西伯利亚核电站。

1954年，美国修改原子能法，允许私人企业拥有核反应堆，鼓励私人投资核电站。

1957年12月，美国原子能委员会建成了希平港核电站，发电效率大大提高，已与现在的核电站相差无几。1961年7月，美国又建成商用的杨基核电站。发电成本由60.5美厘/度降为9.2美厘/度，降低成本5.5倍，显示了核电站的巨大潜力。

经过上述的实验阶段，各国对核电站的堆型总结了经验，把最优越的堆型加以进一步的完善，使核电站建设进入了一个新阶段。

新阶段把实验过的10多种堆型多数淘汰了，留下了轻水堆（包括压水和沸水两种）、重水堆、气冷堆、石墨水冷堆等。

轻水堆是目前核电站的主要堆型。占目前已建和将建核电站的85%。它的优点是结构紧凑、功率密度大、基建费用低、建设周期短等。到20世纪70年代初，轻水堆中的压水堆，发电成本已从5美分/度降低到0.4美分/度，已比火力发电便宜，完全可以进入大规模的商用竞争。

沸水堆的基本物理性能是允许水在堆芯内大量沸腾，

因而降低了堆内压力，可以减少压力壳设备制造的困难；同时水在堆芯内变为约285℃的蒸气，可直接引入汽轮机，省去了热交换器，简化了回路。1956年美国国立阿贡实验室建立沸水堆实验核电站，经历了6代改进，其成本可与压水堆相媲美。20世纪70年代初达到了大规模商业推广的阶段。

重水堆核电站的建设，一直是加拿大领先。1962年9月，加拿大建成了世界上第一座加压重水罗尔夫顿实验核电站。电功率2.25万千瓦，热功率9.23万千瓦，以天然铀为原料，以重水为慢化剂。1971年又建成实用的匹克林核电站，经多方实验改进，到1970年末达到了技术成熟商业推广的阶段。印度、巴基斯坦、阿根廷、罗马尼亚等国已先后买进加拿大的重水堆设备和技术资料。

石墨气冷堆是英、法等国由早期军用产钚堆发展成天然铀—石墨气冷堆。

英国从1955－1971年实验建立核电站11座。但是，第一座商用改进型气冷堆出现问题，即丹季尼斯 β 双堆核电站，预计1974年建成，结果推迟到1983年开始发电，基建投资增加4倍，损失20亿英镑，是英国核电站史上的一场灾难性损失。

美国和前联邦德国的高温冷气模式堆电站，也经历了困难和曲折，遭受了经济上的损失，没有达到商业化的阶段。

天然铀石墨水冷堆是苏联由军用堆发展而来。继奥布宁斯克核电站之后，1964年建成了10万千瓦的别洛雅基克1号堆，实现了堆内沸腾和蒸气过热。1983年苏联建成了世界上最大的单堆电功率150万千瓦的石墨沸水堆。1973年苏联在北极圈内比利比诺核电站向附近的居民供热采暖，造福人民。

20世纪70年代，核电站进入了大发展的阶段。不但能源奇缺的法国、日本、意大利等国优先发展核电站，而且能源较多的美、英、前联邦德国等也积极发展核电站，能源输出国苏联也重视核电站的发展。1979年底，已有41个国家和地区建成或正在筹建核电站，已运行的核电站228座，装机容量13 105.6万千瓦；正建的核电站237座，22 878.2万千瓦；订货和计划中的199座，20 356.4万千瓦。

从1974年起，各国核电站的发电成本普遍比火电降低20%—50%。1978年美国仅核电一项比火电节省了30亿美元。

原子核能这头难以驯服的猛兽，在核科学家的驱使下为人类工作。但是，稍有不慎，它就会伤害人类。

原子能核电站建立以来，事故已屡见不鲜。1959年，美国原子能委员会设在洛杉矶郊外的原子能反应堆，由于失水造成高温，发生熔堆事故。1961年，美国爱达荷州边远地区新创办的国立反应堆实验站的3万千瓦沸水反应堆，因操作违章，将控制棒全部抽出堆外，造成反应堆超过临界值而导致燃料熔化，引起蒸气爆炸，并带出大量放射性毒物，3名工人当场死亡，经济损失巨大。1966年，美国密执安州费米增殖反应堆发生事故，造成部分反应堆熔化。底特律市郊外的20万千瓦核电站反应堆也发生过事故。

在各种大型故事中，美国三里岛核泄漏事故和苏联切尔诺贝利核电站爆炸最典型，影响最大。

1979年3月28日凌晨，美国宾夕法尼亚州三里岛核电站，突然爆发了雷鸣般的巨响，经勘察是发生在2号反应堆，立即紧急自动停运。这是一起反应堆熔化爆炸的严重事故。

三里岛核电站是由美国巴伯格公司建造的，容量88万千瓦的反应堆，造价7亿美元，1978年12月30日，投入商业运行，并网发电。

这种核电站是通过反应堆堆芯的核反应产生热量，使水变成蒸气，推汽轮发电机转动而发电。

三里岛核电站的2号反应堆，堆芯装有100吨二氧化铀的核燃料。这些核燃料制成36 816根燃料棒，排列成177个伞形燃料组件，构成反应堆的堆芯。

闭环系统的冷却水沿燃料棒周围循环流淌，使其冷却，在燃料棒近旁，插入69根控制棒和52根测量棒。控制棒内的镉、银、铟等毒物材料，能吸收中子，可以减慢反应速度。用控制棒插入的深浅来调节核裂变的反应速度。

为了安全，用一个14米高的压力壳包住堆芯，压力壳是用21.6厘米厚不锈钢板制成。压力壳外，又用厚10厘米的钢筋混凝土和厚钢板建造了59米高的圆顶型安全壳大厅。这是一种双保险的安全措施。

事故的发生是由于管道堵塞造成的。1979年3月27日下午，树脂堵塞了从冷凝水精制器的软化水装置到接收槽的管道，3名工人工作了11个小时，仍未疏通。3月28日早晨，他们又到汽轮发电机房，试图疏通管道。突然，控制台发出了警报，接着是巨雷般的响声，反应堆紧急自动停堆。

由于管道堵塞，进入蒸气发生器的水量不断减少，使压力壳容器所受压力不断上升，使稳压器释放阀被推开，冷却水不断地从反应堆的压力壳容器流出来，造成反应堆堆芯燃料棒周围的冷却水严重不足。堆芯反应放热越来越多，其周围剩下的冷却水变成了大量蒸气，热蒸气包围堆芯，堆芯继续增温，造成了恶性循环。

自动控制系统出现了故障，计算机屏幕上出现了一行行问号。人和机器都处于混乱之中，使事故进一步发展与扩大。

反应堆内热电偶所反映的温度高达2 800℃，远远超过了正常运行的1 300℃，守机人员缺乏训练，都不相信这个高温是真实的，认为温度指示失灵了，却没想到是冷却水失去供应。

16小时之后，冷却水恢复了供应，但堆芯已发生了严重的事故。

3月29日早晨，工作人员从反应堆内460万升冷却水中取出0.1千克样品，经过化验，发现具有非常强烈的放射性。这时才确定堆芯的合金包壳已经熔化，二氧化铀燃料也已熔化，^{235}铀已散布于冷却水中。

事故发生后，美国政府成立了专门的委员会，经过7个月的调查，向卡特总统递交了一份《美国三里岛核电站事故报告》，说明了各种情况。

由于美国政府长时间不发表正式公告，更引起了人们的普遍恐慌。美国政府主要因为2号堆的事故处理十分棘手，难于采取果断措施。据专家估计，2号堆的清理需10亿美元；2号堆的报废殃及1号堆，1号堆是否废置难以决断，清理2号堆所用时间难以预测，所以，迟迟没有发表公告。

对2号堆的清理，发生很大困难。1984年8月，宾夕法尼亚州州长迪克·桑柏尔说：2号堆的清理必须凑够充足的资金，并保证附近居民的安全；运行人员和指挥人员指挥不当必须公开检讨并取得公众谅解，否则不能同意开始新的运作。

14万三里岛居民盲目搬迁，他们在核辐射威胁下惊魂未定，想取得他们的谅解是十分困难的。另一派专家则认为核电站是安全的，核燃料虽已达到高温，几乎造成熔堆，但反应堆的第一层压力壳并未破坏，继续探查事故的实际情况是理所当然的。

1983年秋天，爱达荷州国立工程实验室的研究人员，用遥控设备从三里岛核电站2号堆堆芯取出一部分直径1毫米的燃料碎片，分析了7个试样，测得事故发生时堆芯约为2 800℃，这个温度可以使一切合金熔化成流水。据此推测堆芯的燃料破坏非常之大。

分析验证工作，又通过闭路电视遥摄图像对燃料状况进行研究，可以确认损坏的堆芯可分为3层。第一层是堆顶上的爆炸碎片，像细碎的沙砾，可以用管子吸出来；碎片的下面是第二层，是熔融的核燃料，已经冷却为一块，拆除它们是很困难的，必须有特殊的工具；第三层在堆芯下层是燃料棒沉重的残留部分，也已熔结为一体，如果做彻底的清理，也使工作人员望而生畏。

由于面临巨大困难，巴伯格公司已无力处理这场事故。国家从科研总结经验的角度正好利用事故现场做研究考察。为此，美国能源部决定拨款两亿美元，对三里岛核电站燃料损坏和堆芯清理技术做进一步开发研究，将出现严重事故的2号反应堆变成了安全研究的实验室。科学家与工程师们利用2号堆，对过去计算机完成的设计项目和其他研究成果进行校验核对，得到了一大批可信的数据与公式，为以后核电站的设计与改进提供了理论数据。

苏联乌克兰的切尔诺贝利核电站的爆炸事故，发生在1986年4月26日早晨1时23分。随着一声冲天巨响，4号反应堆和厂房被掀上了天空，核燃料引起了熊熊大火，创造了核电站历史上天字第一号大事故。

据事后统计：30人死亡，24人严重残废，237人伤势严重，烧伤面积高达90％，许多人得了放射性伤害综合征，大约有300人住进了医院。

苏联当时的直接经济损失20多亿卢布。4号机组的爆炸，使100％的惰性气体放射性同位素泄漏厂外，其余放射性同位素泄漏量高达500万居里，事故后第五天测量放射性同位素的泄漏速率为每天20亿居里，第九天后为每天8 000万居里。这样高的放射性核裂变产物泄漏，其恶果是难以想象的。通常，人体只要接受10居里的γ射线照射，就能患放射性伤害综合征。

大量放射性物质随风飘散到瑞典、芬兰、丹麦、挪威等欧洲国家，引起各国人民极大的恐惧，国际舆论反响极其强烈。

苏联切尔诺贝利核电站4号机组的运行功率为100万千瓦，理论设计功率为320万千瓦。这种反应堆是石墨减压管型，它用轻水循环冷却，在垂直的压力管的上部汽化产生蒸气，蒸气带动两台50万千瓦汽轮发电机发电。

反应堆有211根吸收棒，用来控制反应速度和紧急防护，也就是用来调节发电功率和保障反应堆安全运行。在正常运行时，反应堆发电功率必须维持在70万千瓦以上，在低于这个功率下操作是规程所不允许的。反应堆是通过把所有吸收棒插入反应堆来保证安全运行的。操作规程规定为确保发电功率和保证紧急防护，在反应堆的堆芯中，至少要有30根吸收棒处于有效的插入状态。

4号反应堆的爆炸事故，正是由于违背了上述操作规程所造成的。科学的规律是不能违背的，谁违背它就会受到无情的惩罚。

4号反应堆的事故在试验过程中发生。为了检验核电站4号机组汽轮发电机在停电时短时间内应急供电的能力，实验人员按计划施行停堆。由于冷却剂流速加大，核反应减慢，4号反应堆以20万千瓦的功率运行，这是违反操作规程的。

为了实验4号反应堆的汽轮机应急供电能力，操作人员故意将绝大多数控制棒与安全棒从反应堆的堆芯中抽出，这也违背了操作规程。更有甚者，竟然关闭了一些重要的安全系统。

反应堆的链式反应不断加大，堆芯的蒸气越来越多，带动汽轮发电机的功率越来越高，操作人员感到问题十分严重，企图用手动操作系统把控制棒和安全棒插入堆芯，但是，已经来不及了。

反应堆超高速增长的功率失控，仅仅在4秒钟内，就达到正常功率的100倍。此时燃料反应释放出高温能量，瞬间就把燃料棒灼烧成粉尘和碎片，这些炽热的燃料微粒及受热膨胀的燃料蒸气引发了巨大的爆炸。

爆炸释放出的巨大能量，把1 000吨重的反应堆盖板冲翻，造成顶盖两侧通道钢管断裂。冷却管断裂使反应堆内热膨胀更加失控，引起第二次爆炸。4号反应堆和厂房全被炸毁，燃烧的碎片、核燃料和石墨的红焰喷向整个厂区，保卫外壳被炸坏，放射性物质四处喷射，在4号机组大厅、3号机组房顶、电机房上都燃起了熊熊大火。

爆炸发生后，火光冲天。切尔诺贝利核电站消防队、附近小城瑞比阿特的消防队都迅速赶来救火，经过3个半小时的搏斗，才扑灭了大火。

为了安全起见，3号机组首先停堆，4月27日早晨，1号、2号机组也停止运行。这时救火的人们才想到防止放射性物质的污染，但多数人已受到了无法挽回的照射。

5月5日，反应堆堆芯热量逐渐散发，炽热的石墨逐渐降温，放射性核泄漏与散佚才算基本停止了。

苏联政府在爆炸发生后，立即成立了一个拥有各种职权的紧急处理中心，赶赴现场，协助当地政府进行紧急抢救工作。

灭火之后，立即将核电站周围30千米以内的13.5万人口撤离到安全地区。想尽各种方法防止水源、食物、饲料、庄稼的进一步污染。通知粉尘污染地区的人们待在家里，不许出门，服用含碘药液，预防核放射的侵害。

切尔诺贝利核电站爆炸后，各国原子能机构都发表声明，表示愿意派专家与志愿人员赴现场抢救和协助处理事故。苏联也集中了全国的人力物力进行抢救，这对减轻污染和侵害起了良好的作用。

从危险地区撤出的13.5万人，没有受到明显的核放射侵害，污染土层的移去，土壤中放射性同位素的固定，森林和水源污染的消除都得到全国的支援和国际援助。这一事故告诉我们：核能的安全利用、核污染的防止、地球的环境保护等，已是全球性的问题。

1986年8月25日，世界原子能委员会与苏联在维也纳举行会议，共同总结这次核电爆炸的经验教训。

苏联专家在会上作了详细的报告，提供了切尔诺贝利核电站的基础设计、技术资料，4号反应堆爆炸的原因，事故发生的顺序和后果，抢救的措施，防护的后果等等；

也报告了事故发生后的医学、环境研究计划，核电站新的安全防护，新的操作规程，紧急事故的应急措施等等；对事故后放射性辐射和放射性污染及防护也作了专题报告。

苏联专家的坦诚介绍，受到与会各国专家的好评。为了给以后的核电站建设提供经验和教训，为了所有核电站的安全，为了事故发生后的抢救与防护，苏联专家作出了宝贵的贡献，他们的介绍对于任何国家的核电站都是极其宝贵的资料，那是以生命和伤残为代价换取的教训啊！

维也纳8月25－29日的会议报告，各国专家进行了广泛的讨论，提出了许多有益的意见。9月，国际原子能机构再次召开会议，国际核安全顾问组也作了报告，苏联专家在会议期间又提供了补充材料。这一切，组成了有关切尔诺贝利核电站事故的综合资料。它是一部研究和学习核安全的教科书。国际原子能委员会要求全世界的核专家都要认真学习苏联切尔诺贝利核电站爆炸事故的经验教训，以极大的精力研究核电安全，保证它的安全运行。

任何一个核电站都必须建立多层保护，即反应堆任何一个部件失灵，最少有两道保护措施，以防止反应堆堆芯释放出放射性材料污染环境；安全防护系统要确保每道不同的防护层功能彼此独立，当事故破坏了一层保护时，另一层能继续起防护作用；这被称为"层层设防"核电站的操作系统也必须是两种以上，手工操作系统必须严守规程，一旦核电站的安全面临严重威胁时，反应堆的手动操作安全由自动安全系统所取代，这就是"自动安全"。

如果说1979年美国三里岛核泄漏事故为核安全提供了一个实验室的话，那么，1986年苏联切尔诺贝利核电站爆炸事故就为全世界的核专家提供了一部学习和研究核安全的教科书。科学家们并没有因为核泄漏与核爆炸而畏葸不前，他们在失败与挫折中，变得更有经验，更加聪明睿智。他们深知核能有化学能无法比拟的长处，人类必须学会利用核能。

1千克混合好的碳和氧发生燃烧变成一氧化碳会放出920千卡的能量，而1千克汞原子核裂变则放出100亿千卡的热量。1千克^{235}铀原子核完全裂变释放出的能量，相当于3 000吨煤燃烧的能量。核能比化学能大1 000万倍！人类怎能因为核能有危险就放弃利用呢？

人类对核能的利用是坚定的。据1987年国际原子能委员会的统计，全世界已建成商用核电站407座，总装机容量300 000兆瓦，每年发电量为15 000亿度。正在建设中的核电站140座，计划建造的核电站有110座。

西欧各国核电站的数量最大，法国占电站总数的69.4%，比利时占67%，瑞典占50.5%，都超过了半数以上。

亚洲地区核电站起步较晚，方兴未艾。中国台湾省占43.8%，韩国占43.6%，日本占24.7%，许多国家都纷纷建设核电站，中国、印度、巴基斯坦等国都有了自己的核电站。这是一股势不可挡的潮流。日本以"普贤"和"文殊"来命名他们核电站的新型转换反应堆和原型快堆。它向我们暗示人类一定能依靠自己的智慧驾驭核能这头威力无比的能源巨兽，就像如来佛左右两侧的"普贤"和"文殊"菩萨能用慈悲和智慧降服凶猛的狮子和大象，使它们成为驰骋千里的坐骑。

人类就是应该以这样的英雄气概来征服核能！难道我们能因汽车伤亡事故多于马车而拒绝使用风驰电掣的汽车吗？我们能因飞机的空难而拒绝乘坐飞机吗？难道我们能因触电危险就不敢使用电器吗？不！人类从来都是知难而进的！1989年底，全世界核电站已增加到452座。

我国在原子能研究中，完成"两弹一艇"之后，迅速将核电站建设提上了国家的议事日程。

1970年2月8日，周恩来总理就和平利用核能资源问题作出明确指示："二机部（核工业部前身）不能光是爆炸部，要和平利用核能，搞核电站。"12月15日，周总理听取核电站建设方案汇报时，又指示中国核电站建设要采取"安全、适用、经济、自力更生"的方针。这是向核物理学家发出的号召，也是向核能利用建设大军吹响了进军号角。从此，我国有关专家开始了核电站建设的积极探索。

我国地大物博，人口众多，有丰富的铀矿资源。在制造原子弹、氢弹和核潜艇之后，我国在核能的理论和实践方面，也积累了宝贵的经验，达到了世界的先进水平。我们完全有能力设计和建成核电站。

随着我国经济改革开放新政策的实施，东南沿海地区的经济快速发展，出现了经济高速发展与电力资源短缺的矛盾。核电站的安全和用水也是两个重要的因素，为此，经过详细勘探，多方研究，我国第一座核电站选在了浙江省海盐县境内的秦山。

秦山矗立在杭州湾岸边，前临大海，海边是起伏的丘陵。只要炸去山丘，核电站就可以建在坚硬的岩石上。用一条长堤围出66公顷土地，清除海水，不占农田，并可前取海水，后取淡水，且交通方便，靠近高压电网，具有得天独厚的自然条件。

1982年11月，国务院正式批准我国第一座自行设计的核电站在秦山动工。

1983年春天，国务院决定调动中国核工业总公司的建设大军承建这项光荣而艰巨的任务。这支特别能吃苦，特别能战斗的部队告别了大西北的滚滚黄沙，开进了碧波汹涌的杭州湾。

1983年6月1日，炸山的炮声隆隆响起，喊声震天，烟尘滚滚，中国核电建设史掀开了新的一页，中国人民要有自己的核电站了。

经七度寒暑，2 700多个日日夜夜，建设大军终于完成了一期工程。30万千瓦核电站的土建工程已经完工，反应堆、一回路、二回路辅助系统基本建成，核燃料贮存、汽轮发电机、主控制楼等设备也已安装完毕，纵横交错的11万米管道和800多千米长的电缆全部铺设就绪。核工业部建设大军雄风不减当年，他们又一次取得了决定性的胜利。

1991年12月15日，秦山核电站4 000多名建设者聚集在主楼门前的广场上，锣鼓喧天，鞭炮齐鸣，他们奔走相告，欢呼雀跃。秦山核电站正式并网发电了！

秦山核电站在美丽的杭州湾拔地而起，它向全世界庄严地宣告：中国人民不仅能造原子弹、氢弹，而且在核能的和平利用方面也站在了世界的前列。

李鹏总理在视察秦山核电站工程时说："这座核电站的建设成功，标志着我国的核电事业上了一个新台阶。"

我国第二座核电站是1993年9月2日并网发电的，叫大亚湾核电站。大亚湾核电站位于广东省大亚湾畔的大鹏镇大玩村麻岭角。这里面临大海，背靠山丘，距香港52.5千米，距深圳65千米，地处电力极缺的经济腾飞地区，它的建成可解香港、广东能源紧缺的燃眉之急。

大亚湾核电站1983年9月选定站址，1984年4月动工。由广东电力公司和香港中华电力公司共同投资建设。它是我国迄今为止最大的中外合资项目，工程总投资40亿元人民币。双方议定正式发电后，70%的电力供应香港，30%的电力供应广东，合作期是20年。

大亚湾核电站占地面积198公顷，其中厂区面积63.5公顷。电站安装了两套900兆瓦的汽轮发电机组，年发电量为100亿度，是我国目前装机容量最大的核电站。

大亚湾核电站与秦山核电站使用的核反应堆都是压水堆。因为压水堆与沸水堆、重水堆、石墨气冷堆、石墨水冷堆相比，有结构紧凑、功率密度大、基建费用少、建设周期短等优点。

我们使用的压水堆比20世纪60－70年代初期的压水堆又有了很大的改进。由堆芯均匀装料，一批均匀换料，改为不同浓度燃料分区装载，分区循环换料；取消早期压水堆内的大型十字控制棒，以多个细棒为控制棒，用化学毒物（硼酸溶液）补偿控制由于温度、燃耗变化和裂变产物积累所造成的反应性变化，这就使功率畸变大大下降，降低了功率不均匀系数，显著地提高了反应堆堆芯平均功率密度；用锆合金代替不锈钢做原件包壳，改进了堆物理性能等等。

核电站的发电原理如下：原子反应堆（压水堆）中的核燃料（^{235}铀）经过核裂变产生巨大的热能，经热交换器变为蒸气，推动蒸气轮机，带动发电机发电。回水经过冷凝器、水泵转流回原子反应堆。

为了保证绝对安全，我国的压水堆采用了3道安全措施：核燃料包壳、密封反应堆压力包壳、最外层安全包壳。最外层安全包壳是用90厘米厚的钢筋混凝土加6厘米厚钢内衬物合成的建筑物，它是防止放射性物质外泄最有效的屏障。苏联的切尔诺贝利核电站就是因为没有这最有效的安全壳而被炸坏，造成了核电站历史上最惨重的人员伤亡和财产损失。

我国两座核电站都具有20世纪80年代后期的国际先进水平，使我国成为世界上第7个自行设计和建造核电站的国家，而且是继苏联、美国之后，第3个建成压水堆型核电站的国家。我国也因此跻身于和平利用核能的世界强国之列。

我国自行设计和建造核电站的成功，对扩大和合理利用能源，促进国民经济发展起到了巨大的作用。特别对中国核能的外销起到了不可估量的作用。

我国江苏、山东、福建、海南各省都在进行核电建设的可行性研究；辽宁省已决定建设两个100万千瓦的核电站，厂址已经选定，引进的俄罗斯设备已经订购。据估计到21世纪初，我国核电装机容量可达到3 000万千瓦。

我国已先后与世界40多个国家与地区签订了和平利用核能的双边合作协定，向亚非一些发展中国家出口了重水研究堆、微堆和30万千瓦核电机组，也外销了部分用于核电站的高质量核燃料，在世界核能舞台上初展英姿，为原子能的和平利用作出新贡献！

世界五千年科技故事丛书